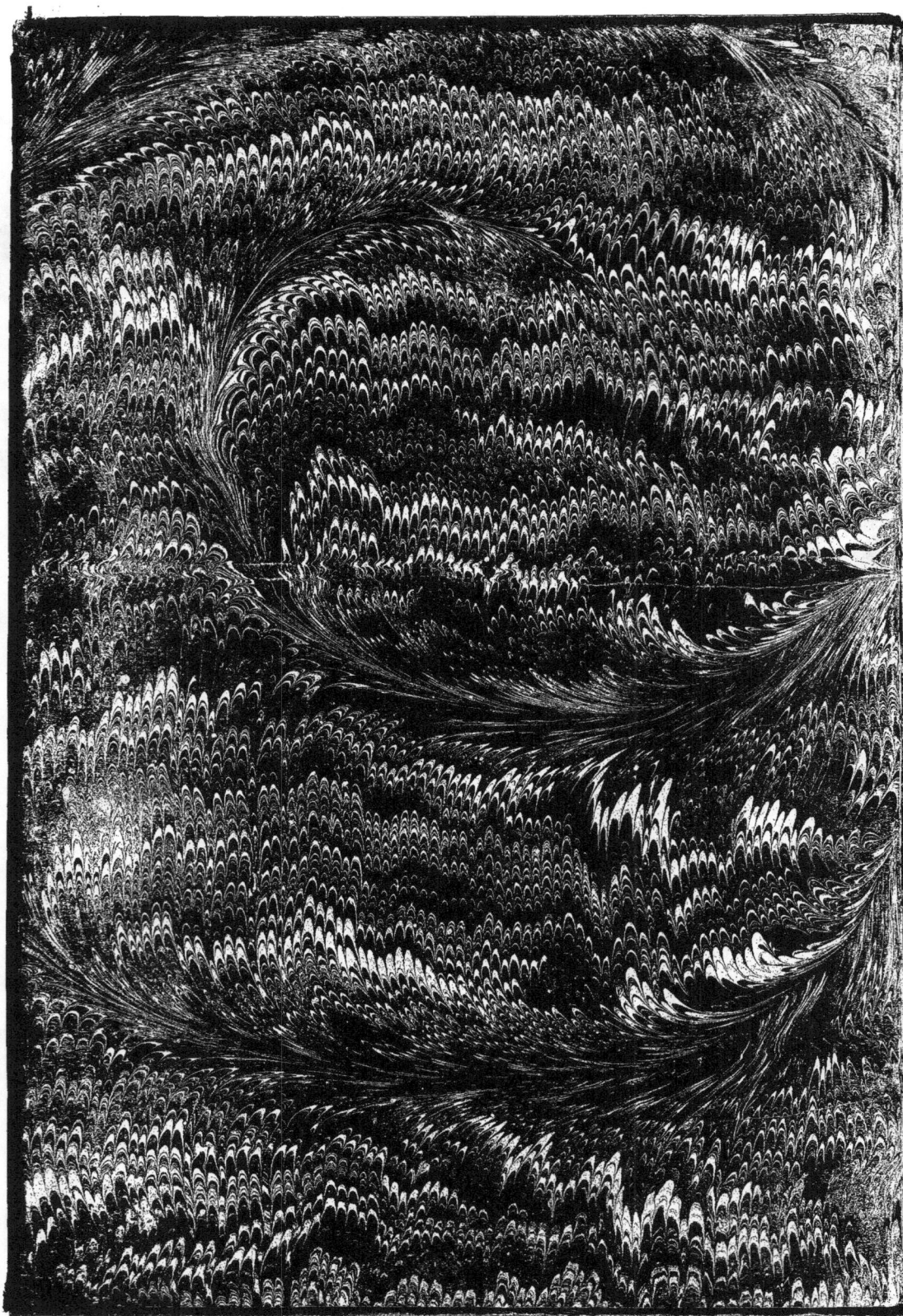

grand-Papier.

TRAITE

DV IARDINAGE

SELON LES RAISONS DE LA NATVRE
ET DE L'ART

DIVISE EN TROIS LIVRES

Ensemble diuers desseins de parterres
Pelouzes Bosquetz et aultres
ornementz Seruans a l'embellissement
des Iardins

Par Iacques Boyceau Escuier

Sr de la Barauderie Gentilhomme
ordinaire de la Chambre
du Roy et Intendant
de Ses Iardins

1638

AVEC PRIVILEGE
DV ROY

Michel van Lochom   fecit et excudit

TRAITE
DV
IARDINAGE
SELON LES RAISONS
DE LA NATVRE ET DE L'ART.

DIVISE EN TROIS LIVRES.

Ensemble diuers desseins de Parterres, Pelouzes, Bosquets, & autres ornemens seruans à l'embellissement des Iardins.

Par IACQVES BOYCEAV, *Escuyer Sieur de la Barauderie, Gentilhomme ordinaire de la Chambre du Roy, & Intendant de ses Jardins.*

A PARIS,
Chez MICHEL VANLOCHOM, ruë sainct Iacques,
à la Rose blanche.

M. DC. XXXVIII.
AVEC PRIVILEGE DV ROY.

IACQVES BOYCEAV ESCVYER SIEVR DE LA BARAVDERIE .

HIC LABOR INLE PROB

NVLVS HVMI POST OPVS ASTRA PERD

J'uy represente son Visage
Selon mon art & mon pouuoir
Mais son Esprit & son sçauoir
Sont mieux depeints en son ouurage.

AV ROY.

IRE,

Ayant pleu à Dieu retirer de ceste vie le sieur de la Barauderie mon Oncle, que Vostre Maiesté auoit honoré de la charge d'Intendant des Iardins de ses Maisons Royales; ie me suis trouué obligé par son ordre, de luy presenter ce Traicté du Iardinage, auec plusieurs desseins de Parterres, Bosquets, & autres pareils ornemens de son inuention. C'est vn trauail, SIRE, composé par luy en sa vieillesse, auec intention

de l'offrir à Vostre Maiesté, pour luy tes-
moigner, que comme il auoit employé la
premiere & plus vigoureuse partie de son
aage au seruice du Roy HENRY LE
GRAND, de tres-glorieuse memoire, en
affaires de plus grande importance, il se
croyoit aussi obligé d'en consacrer la der-
niere aux plaisirs de Vostre Maiesté en
l'embellissement de ses Iardins, desquels
il a esté si soigneux durant sa vie, qu'il
a eu ce bon-heur que Vostre Maiesté a
demonstré en auoir eu de la satisfaction.
Mais n'ayant peu luy-mesme presenter
son ouurage à Vostre Maiesté, pour me
rendre executeur de son desir, comme par la
bonté de Vostre Maiesté; ie suis successeur
de sa charge; ie le viens en toute humilité
apporter à ses pieds, & la supplier de le regarder de mesme œil, que Vostre Maiesté
a receu autresfois le defunct, & de l'auoir

pour agreable de la main de celuy qui eſt
auſsi heritier de ſon affection au ſeruice
de Voſtre Maieſté, lequel employera tout
ce qu'il a d'art & de cognoiſſance pour
mettre en pratique ce qui eſt icy repreſenté,
afin de ſe rendre d'autant plus capable d'y ſeruir Voſtre Maieſté, comme eſtant

SIRE,

De voſtre Maieſté

Le tres-humble, tres-obeïſſant, tres-fidele,
& tres-obligé ſeruiteur & ſubiet,

IACQVES DE MENOVRS.

á iij

PRIVILEGE DV ROY.

LOVIS par la grace de Dieu Roy de France & de Nauarre, à nos amez & feaux Conseillers les gens tenans nos Cours de Parlement de Paris, Roüen, Toulouze, Bordeaux, Dijon, Grenoble, Aix, Rennes, & Metz, Baillifs, Seneschaux, Preuosts desdits lieux ou, leurs Lieutenans, & à tous autres nos Iuges & Officiers qu'il appartiendra, Salut. Nostre chere & bien amée Marie le Coq vefue de feu nostre amé & feal Iacques de Menours Escuyer, nostre Conseiller, Commissaire ordinaire de nos Guerres, & Intendant de nos Iardins, tutrice des enfans mineurs dudit defunct & d'elle; nous a fait remonstrer que feu nostre amé & feal Iacques Boyceau Escuyer sieur de la Barauderie, Gentilhomme ordinaire de nostre Chambre, & Intendant de nos Iardins, ayant par vne longue estude & par l'experience de plusieurs années, acquis vne tres-grande cognoissance des regles & maximes qu'il faut obseruer pour la culture & embellissement des Iardins, apres les auoir pratiquées en nos Maisons Royales de Paris, Fontainebleau, & Sainct Germain, & apporté tout ce que l'art pouuoit adiouster à la situation, & contribuer à la beauté des Iardins desdits lieux, en auroit dressé vn Traicté intitulé, *Traicté du Iardinage selon les raisons de la nature & de l'art, diuisé en trois Liures; Ensemble diuers desseins des parterres, pelouses, bosquets, & autres ornemens seruans à l'embellissement des Iardins*, lequel apres son deceds ledit de Menours son heritier & successeur en la charge d'Intendant de nos Iardins, par nostre commandement auroit fait imprimer, & auec grands fraiz fait grauer les desseins d'iceluy: Mais sa mort aussi arriuée depuis quelque temps, ayant empesché qu'il ne donnast cét ouurage au Public; ladite le Coq desirant accomplir les volontez de sondit feu mary, & mettre en lumiere ledit Traicté & Desseins, nous auroit tres-humblement supplié luy accorder nos Lettres necessaires, afin que l'honneur deub à l'estude & trauail dudit sieur de la Barauderie ne soit diminué par ceux qui imitans lesdits Desseins, voudroient par ce moyen s'en attribuer l'inuention. A CES CAVSES, desirant l'accomplissement des choses qui en sont dignes, & fauorablement traiter ladite le Coq & ses enfans ; Nous leur auons permis & octroyé, permettons & octroyons par ces presentes, de mettre en lumiere ledit Traicté, Desseins, & autres choses y contenuës concernant le Iardinage, en telles marges & caracteres que ledit defunct sieur de Menours les a fait imprimer & grauer; & iceux faire r'imprimer & grauer autant de fois que bon leur semblera : Faisant defenses à tous Libraires , Imprimeurs , Graueurs, & autres tels qu'ils puissent estre, d'imprimer ledit Traicté, & grauer en tout ou en partie lesdits Desseins sans le consentement de ladite le Coq & ses enfans, en vendre & distribuer que de ceux que ledit defunct de Menours a fait imprimer & grauer, ou qu'ils feront cy-apres faire, & ce pendant le temps de neuf ans finis & accomplis, à commencer du iour & datte des presentes, à peine de deux mil liures d'amende, confiscation de tous les exemplaires, & de tous dépens, dommages, & interests. Defendons sur les mesmes peines à toutes personnes de quelque condition qu'ils soient, tant Forains que de nos Sujets, que si quelques Estrangers imprimoient ledit Traicté, ou faisoient grauer conioinctement ou separément, les Desseins qui sont en iceluy au contraire du present Priuilege, d'en amener en nostre Royaume, ny d'en vendre & debiter en quelque façon que ce soit; voulant si quelqu'vn est trouué saisy d'vn seul exemplaire, ou coppie de partie d'iceluy, il subisse les mesmes peines que s'il les auoit imprimez, & sans que lesdits exposans soient tenus l'adresser à autres personnes si bon leur semble. Voulons que les presentes soient tenuës pour bien & suffisamment signifiées , en faisant imprimer le contenu en icelles à la fin ou au commencement dudit Traicté, à la charge que ladite le Coq & ses enfans en mettront deux exemplaires en nostre Bibliotheque, & vne en celle de nostre tres-cher & feal le Sieur Seguier Cheualier, Chancelier de France. SI VOVS MANDONS, & à chacun de vous comme à luy appartiendra, que vous ayez à faire iouyr ladite le Coq & ses enfans , & ceux qui auront droict d'eux, du contenu en la presente permission, contraignant à ce faire tous ceux qu'il appartiendra par toutes voyes deuës & raisonnables, nonobstant Clameur de Haro, Chartre Normande, Prise à partie, & toutes autres Lettres à ce contraires : CAR tel est nostre plaisir. DONNE' à Paris le huictiesme iour de Mars l'an de grace mil six cens trente huict, & de nostre Regne le vingt-huictiesme. Signé, Par le Roy en son Conseil, GALLAND. & seellé du grand Sceau de cire iaune.

TABLE DES CHAPITRES.

TRAITTÉ
DV IARDINAGE.
SELON LES RAISONS DE LA NATVRE
ET DE L'ART.

LIVRE PREMIER.
AVANT-PROPOS.

NOVS fuiuons vn labeur tres-ancien, car les premiers hommes cultiuerent la terre, leur ayant efté donné de Dieu cét exercice neceffaire, & ce trauail ordinaire, pour vne douce punition de leurs pechez: auffi ceux qui y font occupez femblent mener vne vie plus innocente.

Il y a eu de grands perfonnages employez aux charges importantes de la guerre, & gouuernemens des peuples, qui les ont librement quittées pour paffer leur vie en labourant: comme auffi d'autres, qui pour leurs excellentes vertus ont efté tirez de la charuë pour commander les armées. *Caius Fabricius. Curius Dentatus. Quintius Cincinnatus.*

L'ambition des hommes & leur auarice ont porté auec le temps les plus fubtils efprits aux chofes qu'ils ont eftimé plus propres à leurs intentions, laiffans le foin du labourage aux plus groffiers, & durs de corps & d'efprit. De là l'ignorance eft venuë en cét art, car ces pauures maneuures apprenans leur meftier de gens ignorans comme eux, en ont fuiuy le plus facile, mais fouuent le moins bon, ne pouuant penetrer iufques à la raifon des chofes, qui eft la guide de toute bonne œuure, & tres-requife en cette-cy.

Car pour fçauoir cultiuer les terres, il faut connoiftre leur nature, qui eft fort diuerfe: entendre la difference des climats, les degrez du chaud & du froid, & fçauoir la faculté de l'air, & des eaux, qui doiuent tous operer enfemble. La caufe de toute generation & commencement des cho-

A

fes confiftant en leur mélange & temperature , comme au contraire
leur intemperature en eft le detriment.

La temperature fera donc la baze & le fondement de noftre agriculture, laquelle ne fe trouuant naturellement és lieux que nous auons
à cultiuer, doit fe faire par artifice, donnant telle preparation à la terre, que les autres elements puiffent facilement entrer en elle, & par
leur mélange & affociation contribuer chacun leurs facultez & puiffances neceffaires à la production : corrigeant par induftrie au lieu où
nous agiffons l'excés qui fe trouueroit en eux , & y adiouftant auffi
des qualitez, qui puiffent feruir à noftre intention , ainfi que nous en-
feignerons cy-apres.

Venons donc aux outils de cette temperature auant que d'entrer plus
auant en befongne, car c'eft par où il faut commencer, fuiure, & finir;
& pour ce nous traitterons particulierement des principes & commen-
cemens des chofes , de la nature des terres & des eaux, des climats ou
eleuation du Soleil , de l air & des vents, de la mer, & de la puiffance
de la Lune fur les corps terreftres , puis nous viendrons à la difpofition & manufacture.

CHAPITRE PREMIER.

Des Principes & Elements.

ARLERONS nous de ces œuures de Dieu merueilleufes fans admirer fa grandeur ? Poffederons nous
fon heritage fans luy rendre hommage ? Penferons
nous à elles fans craindre, & reuerer fa puiffance ?
Et nous réioüyrons nous les voyant, fans chanter
les loüanges de fa gloire & de fa bonté, qui les a
faictes pour nous ?

O Dieu dont la parole en miracles feconde
Des ombres du neant mit au iour ce grand Monde;
Et qui fage ordonnas les humides chaleurs
Dont la terre conceut les herbes & les fleurs,
Les arbres cheuelus, & les plantes vtiles,
Et de bleds nourriciers fis les plaines fertiles;
Illumine nos fens incapables de voir
Les refforts merueilleux de ton diuin pouuoir,
Apprens nous les fecrets de ta fille Nature,
Dont nous fuiurons la trace en noftre Agriculture:
Donne nous de là haut les Soleils moderez,
Verfe les douces eaux fur nos champs alterez;
Retien des Aquilons la rigoureufe haleine,
Et d'vn puiffant fecours feconde noftre peine.

A fa parole tout fut creé en vn inftant, puis fon bon plaifir fut de le
diftinguer, feparant les Elemens comme par contraires, & laiffant neantmoins à chacun conuenance & participation auec les autres, voire les
difpofa en forte qu'ils peuffent à toufiours communiquer leurs vertus
enfemble, par lefquelles toute generation eft faicte vegetale, animale,
ou minerale.

Ces elemens font l'eau, & la terre, contenus en vn Globe fur lequel
nous marchons : l'air & le feu l'enuironnent auec les Cieux, qui font ornez de tant d'excellentes lumieres.

Le peu d'intelligence que Dieu a donné aux hommes des grands fecrets, & profonds abyfmes de fcience, qui font en ces œuures, a neantmoins penetré fi auant, que les plus fages ont reconnu la terre eftre froide & feiche, l'eau froide & humide, le feu chaud & fec, & l'air chaud
& humide; de forte que deux d'entre eux font contraires, la terre à l'air,
& le feu à l'eau; mais l'air fymbolife auec le feu en chaleur, & auec l'eau
en humidité : l'eau fymbolife auec la terre en froideur, & la terre fymbolife auec le feu en fechereffe : d'où il appert que chacun element fym-

A ij

bolife auec deux, qui les rend infeparables, Car fi l'air eftoit ofté au feu,
la chaleur du feu feroit eftouffée & morte, fi l'air eftoit priué du feu, tout
feroit eau ; & fi l'eau eftoit oftée de l'air, tout feroit feu ; & fi la terre n'e-
ftoit meflée en eux, ils ne feroient corps fubftahtiels, ny palpables.

L'efprit humain a encor penetré plus auant, difant qu'il y a des principes qui font fimples efquels les chofes compofées fe refoluent, & qu'ils
furent la premiere matiere creée : ne trouuant autres noms qui leur
foient propres, ils les ont nommez mercure, foulfre & fel, non qu'ils
foient mercure, foulfre & fel vulgaires, ains chofes beaucoup plus pu-
res & fimples ; mais à caufe de l'analogie & conuenance, dautant qu'entre tous les corps compofez & meflez, il n'y en a point de fi fimples que
le mercure, foulfre & fel vulgaires, ne qui conftituent trois fubftances du
tout feparées comme eux, foubs lefquelles toutes les autres du monde fe
rapportent.

Or ces trois principes reueftus des elemens, bien que fimples, baftif-
fent les corps materiels compofez & meflez, augmentez & entretenus,
iufqu'au terme qui leur eft prefcrit pour fin, le mercure donnant la vie,
le foulfre l'accroiffement, & le fel liant & entretenant ces deux, & con-
tribuant la fermeté & folidité.

Le mercure eft cette liqueur aigre, penetrante, qui fe faiét place aifé-
ment, pure, fubtile, viue, pleine d'efprits, nourriture de la vie : de luy
viennent les couleurs qu'il diuerfifie felon le meflange du foulfre, & fel,
qui font ioints à luy.

Le foulfre eft cette humidité douce, huileufe, gluante, fubftantielle, la
nourriture de la chaleur naturelle, qui a vertu d'affembler & coller ; les
odeurs viennent de luy, & il les donne bonnes & fouefues, s'il eft pur, fortes & fafcheufes, felon qu'il eft meflé de fes compagnons.

Le fel eft vn corps remply de vertus merueilleufes, de puiffances infinies, lefquelles il exerce felon les autres corps qu'il rencontre : le plus terreftre eft fixe, qui eft le fel commun ; le plus aëré eft volatil, qui eft le fel
ammoniac ; & le plus aqueux eft le falpeftre, qui tient du fixe, & du volatil. La faculté des fels eft de donner les faueurs, lefquelles font variées, &
differentes felon le meflange qui fe trouue en ces principes ; car le fimple
eft purement falé, celuy qui eft meflé de foulfre eft doux, meflé de mercure il eft aigre, & du meflange de ces trois, fe fait l'amer, l'acre, & le
fur.

Ceux-cy font les plus nobles & fubtils efprits, la couleur, l'odeur, & la
faueur, fortans du mercure, foulfre, & fel contenus és chofes meflées, &
compofées par nature. Ces trois principes ne font point trouuez l'vn fans
l'autre ; car ils font infeparables ; le mercure diffoud le foulfre, le foulfre
coagule le mercure, & le fel par fon acrimonie les penetre, les lie, & affemble, & tenant du fixe & du volatil, les domine & employe, & eux
eftans liquides luy obeyffent. De mefme eftans enfemble ils retiennent,
lient & affemblent les elements, par l'ayde defquels eft faiéte toute ge-

neration, foubs les puiffances fuperieures & influence des corps celeftes, foubs lefquels Dieu les a conftituez.

CHAPITRE II.

De la Terre en general.

DIEV difpofant ce tout mit la terre au milieu, luy donnant puiffance & faculté de conceuoir, d'engendrer, de nourrir, & d'éleuer toutes les chofes qu'elle contient, defquelles les femences, & les matrices font en elle : car tirez de fes entrailles, voire d'vne profondeur exceffiue quelque quantité de terre, & la mettez à l'air, quand le Soleil & la pluye l'auront vifitée à fuffifance, elle produira en faifon, fans autre femence ; les mefmes plantes qui font communes en la contrée, icy infinies, differentes entre elles, & là infinies autres differentes à celles-cy : ayant voulu la diuine prouidence doüer diuers endroits de la terre de chofes diffemblables, comme il luy a pleu, pour n'affouuir noftre cupidité fans quelque peine, nous donnant par ce moyen occafion d'vfer de charité enuers nos freres, leur portant du noftre allant chercher du leur.

A cette production la terre fournit du fien, outre ce dont elle participe des autres, principalement la folidité, laquelle elle contribuë par le moyen du fel vegetant, dont elle eft pourueuë, qui eftant meflé des autres principes, par fa vertu coagulante & penetrante retient, mefle & affemble les puiffances des elements neceffaires à la generation : tout ce qu'elle produit abonde en iceluy, duquel la durée & la vertu ne fe perd point, mefmes en la perte des corps où elle l'a employé il fe conferue, & quand ils font morts, & retournez en elle, ce fel agit de nouueau, & augmente la vertu de fa mere, il en refte és cendres, & dans les fiens, quand les corps terreftres font confumez par feu ou pourriture ; les excremens des animaux en font pleins, ainfi qu'eux-mefmes, & la nourriture qu'ils prennent. C'eft ce fel, auquel Iefus-Chrift comparoit fes Apoftres, leur difant, *Vous eftes le fel de la terre, & fi le fel perd fa faueur, dequoy le falera-on ?* Son fainct Efprit vfant de cette maniere de parler nous a enfeigné le grand fecret de l'agriculture, car c'eft luy qui guide les autres, les employant au deuoir auquel ils font deftinez : c'eft l'excellent outil de la nature, fans lequel la terre demeure fterile. De là vient que quand la terre a produit des plantes & fruits qui contiennent abondance de ce fel, ou des autres principes qui luy font adioints, il faut la laiffer chommer, afin qu'elle fe fourniffe de nouuelle vertu generante, & de fa faueur, ou bien que nous luy en rendions de celuy qu'auons mis en referue, finon quand nous aurons trop tiré de fa fubftance, elle produira à regret, auec moins de puiffance, voire au lieu de ce que nous defirons d'el-

A iij

le, elle abaftardira les plantes, ou en produira d'autres felon fa force.

Or comme la terre eft variée en fa production auffi l'eft-elle en foy-mefme, y ayant grande difference és terroirs pour ce qui eft de la furface, auffi bien qu'en ce qui eft de l'interieur : & combien que tous foient pour-ueus de ce fel, c'eft differemment, les vns plus, les autres moins : de mef-me auffi tous arbres & plantes n'en abondent pas en mefme mefure, voire ne feroient pas tous capables d'en receuoir abondance, ny de fupporter fa force, & fa vertu qui les fuffoque, quand elle outrepaffe leur mefure.

Ce fel auffi n'eft pas toufiours vn, car felon qu'il eft participant plus ou moins de quelqu'vn de fes adioints & elements, il change, ou felon qu'eft participant d'iceux le fuiet auquel il agit, ainfi que nous apperceuons en la diffection des plantes. Prenez quelque plante qui foit en la perfection de fa croiffance, & en tirez les efprits, vous trouuerez ces plantes pour-ueuës des quatre elemens, mais l'vne plus de l'vn, l'autre plus de l'autre, felon qu'elles font temperées : vous en tirerez ce fel vegetant duquel nous parlons, par la vertu duquel font contenus & agiffent les autres en la plante; vous en tirerez l'huile combuftible, ou foulfre, qui eft le bau-me, & graiffe de la terre, où fe conferue la chaleur naturelle ; vous en tirerez l'humeur mercuriale & criftaline, qui eft l'eau & l'air affociez enfemble, comme il a pleu à la fouueraine prouidence les eftablir, en ces efprits mefme, y a encor des efprits particuliers, la couleur, l'odeur, & la faueur, qui font ceux qui s'en vont les premiers en la deftruction des plantes, comme les plus fubtils & excellens, defquels la vertu s'aug-mente felon la force du Soleil qui les regarde.

CHAPITRE III.

Des Terres en particulier, & de leurs differences.

A Terre eſt faite par lits & couches l'vne ſur l'autre de diuerſes eſpoiſſeurs, mais ordinairement proches de la ſurface ils ont vn pied d'eſpois plus ou moins; il n'y a que la terre de la ſurface, ou qui autre-fois en a eſté, qui ſoit parée à la production, ayant eſté temperée par les autres elements qui ont eu accés à elle, & de degré en degré les plus prochains licts. La bonne eſt noire, graſſe, poreuſe, amaſſée en gros grains qui s'entretiennent fermement, auſſi on la nomme terre forte; & de cette-cy y en a trois ſortes differentes en leur fond : l'vne, qui a le prochain lict meſlé de pierre viue, dure, caſſante; eſt la meilleure, car elle produit tous arbres & plantes qui demandent grande nourriture, & le Poirier entre autres l'aime, & y vient tres-grand, s'attachant profondement à ſon fonds qui eſt ferme & mollet, par veines differentes : declinant de bonté elle eſt de couleur tané obſcur; declinant dauantage tané clair; puis allant en pis elle tient du rouge iaunaſtre, palliſſant à meſure que ſon fonds ſe deſcouure, qui eſt meſlé de pierre : Cela s'apperçoit dans les coſtaux & montagnettes, qui eſtant lauées des pluyes, l'eau trop abondante diſſout le ſel vegetant, & le mieux appreſté de la terre, qu'elle emmeine auec elle, coulant dans les fonds. L'autre ſemblable en la ſurface a le ſecond lict plus proche compoſé de tuf, qui ſont petites pierres blanches, comme croyes amaſſées fermement enſemble. L'autre auſſi ſemblable en la ſurface a le fonds d'argille trop amaſſé, & tenant l'eau, ce qui rend ces deux terroirs moins propres aux arbres, à cauſe que leurs racines ne peuuent penetrer ces deux ſortes de fonds pour s'y attacher fermement, & profondement, ny le ſel vegetant monter par dedans aſſez facilement; qui faict qu'ils ſe trouuent tous deux inſipides : ces trois ſortes de terre en leurs forces portent le froment & legumes, puis l'orge & l'auoine, & l'hyeble y vient naturellement, & les grands chardons.

Vne autre terre eſt noire auſſi, approchant de prés la bonté de la premiere, eſt plus facile à la culture, ayant le grain menu & ſans pierre, ainſi que ſon ſecond lict, elle eſt ditte Varenne douce, & y a peu d'arbres & plantes qui ne prennent plaiſir en elle; les Pruniers entre autres : auſſi eſt-elle la plus propre pour les iardins, elle porte le froment & legumes, & declinent de force le ſegle, l'orge & l'auoine, l'hyeble y vient naturellement, auſſi faict la feugere, ce qui montre ſa bonne temperature, l'vne venant naturellement en terre graſſe, & l'autre en terre maigre : vne autre tient de ces deux, eſtant graſſe &

graueleufe, meflée de cailloux, fon fonds eft pareil ; & pour ce les arbres l'aiment, fpecialement les Pommiers, les Cerifiers, & Chaftagners;
és lieux où elle abonde plus en graiffe elle porte l'hyeble, & où elle eft
plus graueleufe la feugere. Vne autre toute fablonneufe & fans pierre
eft propre pour toutes fortes de bleds, mais fon fonds eftant argilleux
donne la mouffe aux arbres, & les tuë. Vne autre fablonneufe auffi,
ayant fon fonds de gros fable, eft encor moindre pour toutes chofes,
eftant déiointe & mal liée, à faute de graiffe. Vne autre a vne graiffe
argilleufe en la furface, & fon fonds eft croye, vaut peu de chofe pouf
l'infipidité qui eft en ces deux fi diuers terroirs, à caufe que leur corps
qui eft trop preffé & lié n'eft affez aëré.

    Or il y a fi grande diuerfité és terroirs qu'on ne les peut fpecifier
tous, & eftans ceux-cy les plus communs, il fuffira de dire que les meilleures terres font celles qui font plus propres à receuoir & contenir en
elles les autres elemens par mediocrité & temperie, & les moindres
font celles qui ne les peuuent receuoir pour leur dureté, ou bien celles
qui pour leur foibleffe & legereté ne les peuuent contenir ; comme font
l'argille & le fable ; car l'argille pour eftre trop liée, preffée & gluante
ne laiffe penetrer en foy l'air, ne le Soleil, & l'eau croupiffant deffus la
morfond : le fable au contraire trop ouuert & deftaché ne les peut
retenir, & les laiffe paffer.

    Prenons donc ces deux fortes de terres differentes de naturel, & ef-
fayons de les amender, les rendans capables de receuoir & profiter de
la frequentation des autres elemens : les vices contraires qui font en elles eftans rabillés, nous apprendrons affez ce qui fera de faire en toutes fortes de terroirs, ceux-cy eftans les plus infipides, & defaffaifon-
nez : auffi les faifeurs de bricque les meflent, & s'en feruent, les trouuant tous deux fans faueur, qui eft noftre fel ; car s'il y en auoit, attendu qu'il ne perit point par le feu, fa force vegetante ruineroit auec
le temps leur ouurage, & la maffonnerie qui en feroit faitte.

    Doncques prenant l'argille la premiere nous la trouuerons preffée
& amaffée enfemble, fans pores, ne donnant lieu à l'eau de couler dedans affez facilement ; ou apres en eftre imbuë par le temps, ne fe def-
fecher qu'auec vn autre trop long temps, ne laiffant non plus penetrer
le Soleil en elle, chofe contraire à la nature des bonnes terres, qui demandent la varieté du chaud & de l'humidité, pour eftre renduës temperées par ces deux contraires ; car demeurant trop long temps moüillée, ou trop long temps feiche, elles patiffent de l'vn comme de l'autre ; & ces chofes dependantes plus du temps que du defir des terres,
ou du noftre, il faut que par artifice nous les preparions, afin que les
pluyes, & la fechereffe arriuans, elles foyent preftes d'obeyr, receuans
promptement & facilement l'vn & l'autre.

    Cela fe fera principalement par vn bon & profond labourage, qui
releuans la terre à hauts feillons, ou mottes en pyramide, donnera
móyen

moyen à l'air & au Soleil de s'incorporer & de penetrer auant, & à l'eau de couler, lequel labourage doit estre fait en temps sec, soit froid ou chaud, & reiteré deuant que la terre soit derechef affaissée : car toute terre estant de nature pesante s'affaisse de sa propre pesanteur, si elle n'est sousleuée.

Nous empescherons encor son affaissement, si nous la meslons de fien fait de paille, ou feüilles, qui ne soit qu'à demy pourry ; car il la separera, & acheuant de pourrir, luy mesme s'eschauffant, aydera d'échauffer la froideur qui est en cette terre, outre l'aliment qu'il luy donnera, estant pourueu de sel.

La terre sablonneuse au contraire, n'estant assez pressée & liée ensemble à faute de graisse, laisse passer dans elle trop promptement l'eau sans en faire profit, & le Soleil la penetrant facilement la brusle, n'y trouuant humidité pour le temperer. A cette-cy ne faut si grand labourage qui doit estre fait en temps humide, la meslant de fien gras, bien pourry, la faut laisser affaisser de son poids ; voire ce fien n'aura pas moins d'efficace en elle, estant employé dessus peu de temps deuant la pluye, que si vous l'enfoncez dedans ; pource que la pluye venant à dissoudre le fien l'en engraissera coulant plus lentement, & son sel prest à bien faire demeurera en la surface où il doit faire son operation.

Il se trouue aussi dans l'interieur de la terre en quelques contrées vne maniere de croye, qui est ditte marne, laquelle estant meslée auec le sable, l'air & la pluye la dissoudent, & deuient paste, auec quoy le sable prend corps, & se faict plus ferme.

Ainsi de toutes sortes de terres considerant leur nature, nous amenderons les defauts qui la rendent intemperée, estant trop dure & pesante, la sousleuant ; estant trop legere, la raffermissant ; estant trop maigre, l'engraissant ; trop grasse, l'amaigrissant ; trop humide, la deseichant ; trop seiche, l'humectant ; trop froide, l'eschauffant ; trop chaude, la rafraischissant. Toutes lesquelles choses se doiuent faire auec les cendres, ou les fiens diuers, ou par le meslange d'vne terre auec l'autre ; & par la force du Soleil, luy rendant la terre plus facile à penetrer, & rendant à luy-mesme sa force & vigueur plus grande, ou bien en escoulant les eaux, ou les donnant plus abondantes. Tenant pour maxime que la temperature des autres elements auec la terre, est le nœud de la matiere produisante.

Les terres que nous disons les meilleures ont aussi besoin de ce sousleuement par le labourage, pour remede à leur pesanteur naturelle, & faciliter le meslange des autres elements ; lequel labourage doit estre fait principalement és saisons temperées, lors mesme que la terre est en bonne temperature, ne trop seiche, ne trop moüillée, de crainte qu'estant trop seiche le labourage ne la rende en poussiere, & estant moüillée en boüe ou paste, chose contraire à la production de la terre. On connoistra plus particulierement le goust des terres, si en creusant deux pieds de profond vous mettez vne poignée de cette terre dans vn

B

verre la deſtrempant auec eau de pluye, ou autre bonne eau, puis laiſſent raſſoir, & la terre eſtant au fonds du verre vous gouſterez de ce-
te eau éclaircie, qui teſmoignera ſi la terre eſt amere, ſalée, ou a autre
mauuais gouſt ou odeur, qu'elle contribuëroit aux plantes qu'elle nourriroit ; ce qu'on doit euiter ; car le rabiller ſeroit malaiſé, ou impoſſible. Au contraire ſi vous trouuez odeur ou ſaueur plaiſante & douce
en cette eau, choiſiſsez telle terre qui produira tous bons fruits & plantes que luy donnerez à nourrir.

C'eſt de-
quoy on
dit le vin
ſentir le
terroüer.

CHAPITRE IV.

De l'Eau en general, & en particulier.

'E AV eſt tellement coniointe à la terre, & ont enſemble telle ſocieté, qu'il eſt impoſſible qu'elle ne
participe à ſes ſaueurs ; car coulant en ſa ſurface,
ou dans ſes veines, elle diſſoult par ſa fluidité le
ſel vegetant, & s'en approprie quelque choſe,
dont elle parfaict ſon gouſt, qui neantmoins n'eſt
point diſcerné gouſt, ſinon quand trop ou trop
peu il participe de ce ſel, ou des autres qualitez
qu'elle rencontre, ſelon que ſont aſsaiſonnez les lieux par où elle paſſe.
Elle fournit à la generation la liquefaction, de qualité froide & humide, laquelle ayde grandement au meſlange, aux exhalaiſons neceſſaires, & à faire couler l'humeur, qui eſtant ſuccée par les racines,
monte & ſe diſtribuë iuſqu'aux extremitez de ſes obiets. Elle contri-
bue à la matiere produiſante les qualitez qu'elle a acquiſe dans la terre,
qui contient en ſoy des differences de grand efficace, tant de ſortes de
ſables, d'argilles, & pierres differentes entre elles, minieres diuerſes de
metaux, de ſel, de ſoulfre, d'allun, de vitriol, iayet, tale, charbon, bitume, & autres de puiſances merueilleuſes, parmy leſquelles trauerſant,
elle nous en apporte des teſmoignages, la connoiſſance d'aucuns facile, d'autres malaiſée.

La meilleure à boire eſt la plus claire & luiſante, qui a vne ſaueur
fermette, en ſa fraiſcheur humide, paſſant legerement ſans laiſser gouſt
qu'on puiſe diſcerner, elle ne doit auoir odeur, ne ſa couleur aucunement empeſcher celle du vaſe où elle eſt veuë. On eſprouuera ſa bonté, ſi en boüillant elle s'euapore promptement, ou ſi eſtant trop refroi-
die, elle né laiſse au fond du vaiſſeau aucun limon, ou grauier ; ou ſi
en iettant des gouttes d'eau dans vn baſſin bien fourby, venant à ſei-
cher, il n'y laiſse des taches : ſi les legumes cuiſent facilement en elle : ſi elle nettoye bien toutes choſes en lauant, & adoucit le cuir des
mains : ſi elle reçoit facilement les teintures ; mais principalement ſi dedans ſon baſſin naturel, ou coulante en ruiſſeau elle n'y engendre mouſ-

se, limon, ny ione, & qu'elle y parroisse nette & luisante, marque certaine qu'elle sera simple, non composée. Elle se trouuera telle quelquefois dans les puits creusez en bon terroir, & plus souuent dans les sources, mesmes en celles qui sont dans les costaux de bon terroir, ou aux pieds d'iceux, regardant le Leuant, & Midy.

Or bien que cette-cy soit aussi la meilleure à nostre labeur, il suffira pourtant, quand nous en aurons de celle qui plus facilement se recouurera, pourueu qu'elle n'aye point de mauuaises qualitez ; car il s'en trouue de dangereuses, les vnes mortelles, d'autres qui causent de grandes maladies : de là vient qu'en des contrées le commun peuple a des enfleures à la gorge, qu'on nomme goistres ; en d'autres ils acquierent les escroüelles ; en d'autres ils sont subiets à l'hydropisie, coliques, & pierres. Il y en a aucunes, qui au lieu de lignifier petrifient, aucunes qui deuiennent elles mesmes pierre : ce qu'estant cognu par les anciens sages, ils auoient vn grand esgard à la qualité des eaux, quand ils s'en approprioient, prenant mesme garde à la disposition du peuple, habitant prés des sources, qu'ils vouloient choisir pour leur vsage.

Au contraire aussi il y a des eaux qui outrepassent en vertu celles que nous disons les meilleures : comme les eaux chaudes, qui ayant passé par lieux sulphurez guerissent certaines maladies ; si elles ont passé par le vitriol, alum, ou bitume en guerissent d'autres. Il s'en trouue qui incitent dauantage les animaux à la generation ; d'autres qui diuersifient la couleur de leur poil & laines. Ces considerations sont de grand poids pour nostre labeur, car il n'y a doute que puis que les eaux tirent ces varietez de la terre, que la terre & les eaux ne les contribuent aux plantes & aux fruits, & les fruits & les plantes à ceux qui en vsent.

B ij

CHAPITRE V.

Du Soleil en general.

LE Soleil eſchauffe & deſſeiche auec ſi grande amour & douceur, qu'il ſemble que ce ſoit luy qui donne vie à la nature; car comme il s'approche toutes les plantes croiſſent & multiplient auec diligence merueilleuſe, la terre employant ſon ſoin à s'embellir tout le temps qu'il monte, la regardant iournellement de plus prés: puis quand il vient à s'éloigner elle deuient languiſſante, trauaillant lentement, pluſtoſt (ce ſemble) pour ſe conſeruer, que pour s'accroiſtre, ou pour ſe preparer, & rendre derechef belle au retour du Soleil. Il exhale l'humeur, & deſenyure la terre, attirant d'elle les eaux deſquelles ſont faictes en la moyenne region de l'air la pluye & les neiges, par leſquelles fondantes elle eſt de nouueau alimentée.

Il eſt maiſtre des années, des iours, & des ſaiſons, leſquelles nous contons ſelon ſon cours; ſa chaleur eſt grandement differente, ſelon qu'il eſt proche ou éloigné de nous, ſoit au cours par lequel il parfait l'année, ſoit en celuy par lequel il parfait les iours: elle eſt grandement differente encor ſelon ſon eleuation ſur les contrées diuerſes de la terre, l'ayant plus vigoureuſe en celles qui ſont vers le Midy, & plus lente en celles qui ſont vers le Septentrion; & c'eſt ce que nous appellons difference de climats. Toutes leſquelles differences ſe font ſelon que ſes rayons ſont iettez perpendiculairement & à plomb ſur la terre, ou qu'ils approchent de cette perpendicule: tout ainſi que les coups de canon entrent plus auant dans vne muraille ou rempart, la rencontrant en angle droict, que s'ils biaiſent; ainſi agiſſent ſes rayons ſur la terre, ſur les corps, voire ſur les eſprits, employant en eux la force de ſa vertu, qui eſt d'eſchauffer & deſſeicher.

Nous connoiſtrons facilement cette difference par les effects, ne changeant que d'vn degré de ſon eleuation, qui eſt d'enuiron trente lieuës: mais nous le verrons plus clairement nous éloignant iuſques aux contrées & nations qui aboutiſſent la France, ayant du coſté de Midy l'Eſpagne, & du coſté de Septentrion la baſſe Allemagne, qui ne ſont à plus de deux cens lieuës l'vne de l'autre. Les fruits, les vins, les paſturages qui viennent en l'vne & l'autre contrée, ſont grandement differens de gouſt & de ſaueur, & y en a de pluſieurs ſortes en l'vne qui ne peuuent venir en l'autre: leurs animaux meſmes different grandement; voire le naturel des hommes. Cela prouient de la force & vertu du Soleil, plus grande en vne contrée qu'en l'autre, qui attire dauantage l'humeur, desseiche & purifie les esprits qui sont affadis, & appesantis par trop d'humidité.

Or bien que les Philosophes ordonnent le siege, ou feu elementaire autre part, nous qui ne le connoissons pas, & qui voyons & sentons le pouuoir du Soleil faire ce que nous pourrions desirer du feu elementaire, quand il seroit en nostre disposition, aussi n'en chercherons nous point d'autre en nostre labeur present, car il nous suffira d'estre veus de luy, qu'il regarde nostre iardin, & luy departe sa vertu puissante encor plus remplie de merueille que de chaleur.

CHAPITRE VI.

De l'augmentation de la force du Soleil.

QVAND donc nous auons besoin de plus grande vigueur au Soleil, pour parfaire quelque chose de nostre intention, nous trauaillerons en cette maniere, car tousiours nous n'aurions pas la volonté, ny le moyen de changer de contrée pour l'effect present: mais choisissans au lieu où nous nous trouuons vn costau de bon terroir, prenons en la face qui regarde le Midy, elle sera par mesme moyen veuë du Leuant & du Couchant, & ioüira tout le long du iour de la chaleur du Soleil: l'eleuation du costau aydera aussi à faire que les rayons du Soleil donneront perpendiculairement dessus la terre, & ceux-cy sont deux aydes merueilleux à sa force. Dauantage la hauteur du costau, & son espoisseur opposée au Septentrion, empeschera la rigueur du froid & du vent qui viennent de ce costé là, lesquels affoiblissent grandement la force du Soleil: & de cette façon vous aurez vn tres-puissant Soleil, & peut estre trop.

Or s'il aduient que nous nous trouuions naturellement ou expressément situez en tel climat ou aspect, que la trop grande force du Soleil nous bruslast, ou empeschast quelques sortes de fruicts, ou plantes (qui ne veulent tant de chaleur) de venir si gaillards & amples que nous desirons: pour oster cette intemperie il faudra faire prouision de son contraire, qui est l'eau, & auec elle arrosant la terre souuent & abondamment temperer la chaleur. Vous deuez croire qu'ayant le Soleil & l'eau commodes & abondans, vous desirerez peu de choses en ce labeur dequoy vous ne veniez à bout, car ce sont les aydes principaux, & les plus puissans à ce mestier, pourueu qu'on les employe à propos.

La force du Soleil s'augmentera aussi, si au lieu du costau & montagnette nous éleuons des murailles & des fortes hayes, ou hauts bois en ce mesme aspect, qui ayderont à ce que i'ay dit, mais non auec tel pouuoir & commodité. Il y a des arbres & des plantes si abondantes

B iij

en branches, & feüillages, qu'elles empefchent le Soleil d'efchauffer la terre où elles font nourries, faifant vn grand ombrage à l'enuiron de leur pied, & racines : quelquefois aufli eftant plantées prés à prés elles empefchent l'vne à caufe de l'autre fes rayons, qui felon les climats font foibles pour la cuiffon du fruiſt, qui a befoin de beaucoup de chaleur. En tels climats peu chauds faut planter loin à loin, & éleuer les plantes & leurs fruits, qui font refroidis par la proximité de la terre, & par leur propre ombrage, donnant des aydes aux plantes foibles, afin que l'air & le Soleil les voyent pleinement, & que la terre en foit plus facilement échauffée. Et par le moyen du verre qui fera mis à l'enuiron des plantes & fruits, en forme de cloche, le Soleil penetrera auec plus de force; ainfi que nous voyons fes rayons allumer du feu par l'ayde d'vn miroir ardant, ou boule de criftal.

Les fiens nouueaux amaffez enfemble, rendent vne chaleur douce, propre à conferuer les arbres & plantes, qui craignent la gelée, & font auant la faifon naiftre les graines, qui font femées deffus, & auancent la produdtion des autres plantes qui reçoiuent leur chaleur.

CHAPITRE VII.

De l'Air & des Vents.

'AIR fournit à la generation l'efpace, duquel il eft le maiftre, occupant tout le vuide, & fe meflant encor parmy le maffif; il penetre, fe laiffant afpirer facilement : il fait place quand il a moyen de fortir, & ne laiffe fortir, s'il n'a moyen d'entrer, afin que rien ne demeure vuide. Sans luy le meflange des autres ne pourroit fe faire, ny aucune chofe s'efleuer, ny aggrandir, ny viure fans luy, & dedans luy. Ceux qui ont mieux cognu fa qualité l'ont dit chaud & humide, & neantmoins celuy que nous refpirons eft frais, foit de fa qualité naturelle, ou par acquifition de la froideur terreftre, de laquelle il eft proche : nous fentons cela non feulement en refpirant, mais aufi en chaffant l'air auec l'éuentail, il s'amaffe & affemble plus preffé, d'où fe fait fa fraifcheur d'autant plus grande. Les vents qui le chaffent luy caufent vn mefme effedt, nous rendant vne fraifcheur douce & gratieufe l'efté, lors mefme que l'air eft plus efchauffé par les rayons du Soleil, & l'hyuer augmentant la rigueur de fa froidure. Les vents mefme ne font autre chofe, difent-ils, qu'vn air agité par les vapeurs & exhalaifons, lors que le chaud & l'humide fe rencontrans caufent ces redondances de mouuemens. Nous cognoiffons neantmoins les vents maintenir leur place, & augmenter & diminuer leur force quelquefois en temps prefix, & quelquefois hors temps. La connoiffance de leurs qualitez

nous est grandement necessaire , car ils ont grande puissance en nostre
labeur, y apportant profit ou dommage , selon leurs temperatures: voire en vsant seulement de leur force ils abatent les fruits & les arbres, &
des forests toutes entieres, & souuent leurs qualitez apportent de grands
dommages aux fleurs & fruits nouuellement formez , en engendrant
des animaux veneneux qui mangent & deuorent les feüilles & nouueau iect des arbres ; mesmes les fruits estans recueillis & serrez ne laissent d'estre sous leur domination , ainsi que la santé des hommes : &
cela differemment en diuerses contrées. Ils se ioüent de l'air, de la pluye,
des gresles, meslant parmy le foudre , les tonnerres , & les esclairs , ou
pour dire mieux , eux & les foudres obeyssent au vouloir du Tout-
puissant comme les Sergents de sa Iustice ; car l'esprit humain n'a peu
penetrer iusques à la cause de ces mouuemens si diuers & admirables,
qui sont és vents, ny connoistre entierement la qualité generale de l'air,
qui se trouue si differente en diuers lieux de cét Vniuers.

Les Philosophes en establirent anciennement quatre principaux , *So-
lanus* du costé du Soleil leuant en l'Equinoxe : *Auster* du costé de Midy : *Fauonius* au Soleil couchant au mesme temps : & *Septentrion* en
la partie de laquelle il emprunte le nom. Depuis ils en meslerent quatre autres parmy ceux-là , & depuis les mariniers qui en cognoissent
dauantage en ont nommé trente-deux.

Tirons donc vne figure pour les discerner selon leurs noms, & pour
sçauoir de quelle partie du Ciel ou de la terre chacun d'eux nous vient
visiter, & ce qu'il nous en apporte.

Le Nort qui est au Septentrion , diametralement opposé au Sud ,
qui est au Midy , luy est du tout contraire , estant le Nort froid & sec :
il purifie l'air , & les humeurs des corps , lesquels il raffermit , restrei-
gnant les pores ; son souflement est aigu & penetrant , & augmente
grandement la rigueur du froid , arreste la nature qui semble par luy
estre hauie ; autant qu'il est rude en hyuer , autant est-il sain en esté.
Le Sud au contraire est chaud & humide , pestilent , empesche les vertus animales & vegetales , rend les corps lasches & pesans , ouurant
les pores ; il engendre tonnerres & pluyes , tempestes en mer.

Entre ces deux en angle droit sont aussi opposez , l'Est , & l'Ouëst ,
tous deux temperez des qualitez contraires des deux autres : l'Est en
Orient en suitte du Nort apporte par sa temperature tranquillité à
l'air , & santé au corps , estant accompagné plus souuent de nuées que
de pluyes.

L'Oüest venant d'Occident en suitte du Sud ameine des humiditez & pluyes , & par sa temperature fait fructifier la terre , auance les
fleurs , & fauorise toute production.

Les quatre autres vents également scituez entre ceux-cy ; à sçauoir
Nort-est , Sud-est , Sud-oüest , & Nort-oüest , ores qu'ils soyent aussi
dits principaux , ont leurs qualitez composées de celles des premiers ,
qui leur sont prochés ainsi que leurs noms : & de mesme les demy-
vents , & autres rums qui sont entre eux , selon qu'ils en sont prochés
ou esloignez. Estant la principale difference des vents du Nort au Sud
comme les contraires , à cause de leurs regions , où la force du Soleil
est grandement differente. Selon aussi la situation des lieux , & éleua-
tions des montagnes , ou hautes forests , aucuns vents sont guidez ,
renforcez , ou empeschez ; voire mesme il y a des contrées ausquelles
certains vents sont plus ordinaires & plus differens en force & puissance qu'ils ne sont ailleurs. Ce qui pouuant estre mieux cognu par
les habitans que descrit , les sages tascheront de se garentir des plus
dangereux , leur opposant des contregardes , ou se mettant à couuert
par elles , cherchant en l'air & aux vents cette temperature , de laquelle nous auons si grand besoin en nostre labeur.

CHAP.

CHAPITRE VIII.

De la Mer.

Ovs n'entreprendrions de parler de la Mer fans le fel produifant, que nous cherchons par tout, pour nous en accommoder, car les abyfmes profonds des merueilles qui font en elle ont eftonné les plus fages, qui ne les ont peu comprendre : elle a encor englouty grand nombre de ceux qui trop auarement vont cherchant fes richeffes, & n'eft raifonnable de mettre la fonde trop auāt en fes fecrets.

Soit donc dit feulement en paffant, que ce fel dont la terre eft pourueuë, eftendant fa vertu vegetante de tous coftez, cherche la furface pour y agir felon fa nature, ne laiffant endroit de la terre qui ne foit embelly de fon excellence. Or venant à rencontrer ce grand & infiny efpace que la mer couure : il fe diffoud en elle, & de luy fe fait *Pourquoy* fa falleure, dont elle a participé depuis la feparation du tout; & là com- *l'eau de la mer eft* me en terre il eft auec fes adioints principe de la generation vegetale *falée:* & animale, des plantes & poiffons qui y croiffent, s'engendrent, & nourriffent : auec ce le Soleil attirant par fes rayons le plus fubtil de l'humidité de la mer, vient à cuire & renforcer fon gouft.

Que la mer foit pleine de ce fel, il fe voit en ce que l'eau de la mer croupiffant fur terre elle l'engraiffe plus que chofe du monde; mais elle tuë tout ce que la nature produit & nourrit fur terre, iufques aux plus grands arbres qui en font fuffoquez, dautant qu'ils ne peuuent receuoir fon abondance, eftans nourris en vn plus petit ordinaire. Mais laiffons deffeicher la terre qui aura efté abbreuuée de l'eau de la mer, & en la labourant donnons luy moyen d'éuaporer le fuperflu, par l'air & le Soleil qui la vifiteront, apres que les pluyes l'auront lauée, vous n'auez iamais veu terre fi fructueufe que fera cette-cy : ainfi qu'il aduient quand les Sauniers ayant les boffis des marais falans, vuides de fel, fement du bled deffus apres auoir faict comme nous venons de dire. Mefme le fel commun eftant faict de l'eau de la mer deffeichée n'eft pas fans vegetation : nous le ferrons dans des greniers à couuert, & il perce les murailles efpaiffes, & les ruine : les Pigeons qui l'aiment le vont chercher parmy les pierres & le fable, s'attachans aux murailles dans lefquelles il eft contenu : fa vertu conferuant les viandes que nous en falons ne vient-elle pas de fon principe qui ne fe confume point ? Ie m'esbahy de ce qu'en figne de malediction on a ietté du fel fur la terre, puis qu'il peut feruir à la rendre fructueufe, quand par raifon & mediocrité il fera infus en elle : car ce que le fel (foit infus de par foy-mefme, foit actuellement dans les fiens qui en contiennent beaucoup)

C

tuë les plantes , ne vient que de l'excés , & de la furabondance d'iceluy ; & ce que par fois la terre qui fe rencontre fous les grands tas de
fumier que nous y portons demeure infructueufe, c'eft pour auoir receu trop de fel fuftentant , & quand le trop en eft euaporé elle produit tres-abondamment; de maniere que le bled qu'on y feme y vient
plus efpais , plus verd & vigoureux qu'ailleurs. Ainfi depend du bon
iugement du Iardinier de bien temperer fa terre , felon la nature des
plantes qu'il y veut mettre ; car ny les terres ny les plantes n'ont pas
toutes vn mefme appetit, ny mefme force digerante. Par l'abondance
de fubftance les plantes viennent trop gaillardes, manquent de force
pour fe fouftenir, leurs fruits ne font de fi bonne garde, fe faifant vne
nouuelle generation en eux, de petits animaux qui les mangent: donc
il y a danger de trop , comme du peu, ainfi que l'eau de la mer nous
fait connoiftre.

CHAPITRE IX.

De la Lune.

D I E V feparant la lumiere d'auec les tenebres donna
pour l'ornement du iour la merueille du Soleil, &
à la nuit le nombre infiny des eftoilles , & les autres Planettes, lefquelles il doüa chacune de leur
influence, afin qu'elles feruiffent non feulement à
embellir le Ciel, mais auffi qu'elles fuffent aydes
à la nature , ainfi comme toutes autres chofes
creées par fa diuine prouidence, font pleines d'ef-
ficace & de vertu. Il conftitua la Lune plus prochaine de la terre, qui
ayant par ce moyen fon tour plus court, parfait en vn an prés de trei-
ze fois vn mefme voyage, employant en chacun enuiron vingt-neuf
iours & demy ; pendant lefquels nous la voyons diuerfement illuminée, felon qu'elle s'approche ou efloigne de l'afpect du Soleil, duquel
elle reçoit fa lumiere, fe trouuant par fois la terre oppofée entre eux
par leurs diuers cours.

Or nous difons la Lune eftre nouuelle, quand fa partie illuminée
du Soleil commence à nous paroiftre, & de iour en iour augmentant;
au feptiefme que la moitié de la partie illuminée nous apparoift, nous
difons eftre en fon premier quartier : fept iours apres nous l'appellons
pleine Lune, quand nous voyons entierement fa partie illuminée: pa-
racheuant fon chemin elle vient à defaillir de cette plenitude, n'eftant
fa partie illuminée veuë qu'à demy, fept iours apres, qui eft fon dernier quartier ; & en fept autres iours elle en defaut du tout, & lors
nous l'appellons vieille Lune : puis elle recommence encore fe faifant
nouuelle. Elle a vne puiffance merueilleufe fur les corps inferieurs,

car elle influë en eux force & vertu d'attirer nourriture à proportion
de la communication, & monstre qu'elle leur fait de sa lumiere, suiuant laquelle proportion le sel produisant, qui en est comme esmeu,
agit aussi : d'où il aduient que la mer qui est remplie d'iceluy, en fait
son mouuement & agitation continuë de flux & reflux, que nous connoissons lent, ou plus grand, selon le diuers estat de la Lune. Mesme
aux equinoxes & saisons temperéés, quand le sel produisant agit auec
plus de vigueur és arbres & plantes en terre (ainsi que nous apperceuons par les séues qui se font plus abondantes au Printemps, & en
l'Automne) ce flux & reflux de la mer est aussi plus grand qu'és autres saisons, ausquelles le sel vegetant est empesché & retenu par l'excés du chaud & du froid, ainsi qu'en terre.

Il nous faut donc auoir égard au cours de la Lune, & la suiure en
cette manufacture comme bonne guide, si nous voulons nous preualoir de ses effects : car les arbres & plantes, & leurs fruits estans plus
pleins, ou plus vuides de substance & nourriture, selon la plenitude
ou defaut de lumiere, ne seront si propres en vn estat comme en vn
autre, d'obeyr à nostre artifice, ou suiure nostre intention, ou estre
conseruez ainsi que nous dirons. Voire le bois qui doit seruir à charpenterie estant couppé, lors qu'il est plein d'humeur generante, de cette abondance il s'engendre des vermisseaux qui le rongent & gastent,
quand mesme il est sec & en œuure. Comme au contraire si le bois est
despourueu de cette humeur generante, qui est le baume de nature,
il est de peu de durée, & perd auec elle sa force, ne luy restant que le
terrestre, qui pourrist bien tost apres, ainsi qu'il aduient au bois flotté,
ayant long temps demeuré dans l'eau, elle dissoud ce baume qui est la
conseruation des corps, apres la perte duquel les cendres mesmes du
bois à brusler en sont inutiles pour les lexiues.

C ij

CHAPITRE X.

Des Fiens.

APRES auoir parlé des principes, & elements, & de leurs effets, non pas en Philofophe, mais comme fimple Agricole, nous auons feulement cherché en eux ce qui fait à noftre labeur. Puis ayant dit quelque chofe de la Mer, & du pouuoir de la Lune, fur les corps terreftres, deuant que paffer outre, nous dirons auffi ce qui nous femble des fiens, lefquels eftans remplis de ces principes & elements, font fi propres & vtiles à la terre, qu'ils femblent eftre puiffans à reftaurer tous les defauts qui fe trouueroient en elle : car ils l'efchauffent, rafraichiffent, engraiffent, fouleuent, rafermiffent, & donnent autres bonnes qualitez, encore qu'elles femblent contraires, diftribuant leur vertu, felon le befoin des terres, quand auec prudence ils font employez. Faifons en donc vn grand amas, car en eux abonde noftre fecours, leur pourriture eft l'ornement des iardins, l'augmentation de la vigueur des plantes, leur puanteur paffée ayde à produire les bonnes odeurs des fleurs, leur meflange fait le temperament, & auec eux, & par eux, nous faifons des merueilles.

Tout ce que la terre produit, de nature vegetale, ou animale, s'il n'eft confommé par le feu, deuient encor terre par la pourriture, & eftât bruflé, les cendres auffi fe font terre, & feruent de fiens, contenant en elles le fel & autres principes, que nous cherchons dans les fiens : car, comme nous auons dit, ces principes ne font point confommez en la perte des corps terreftres : Tous les fruicts, les plantes, herbes, & feüilles, foit qu'elles foient mangées par les animaux, ou qu'elles leur feruent de littieres, ou amaffées autre part, & mifes pourrir, font les fiens : mais grandement aydent à la bonté d'iceux les excremens des animaux, à caufe de l'augmentation du fel, qu'ils y apportent, & des qualitez qu'ils y donnent. Ainfi les cendres, & les fiens eftans le demeurant des corps terreftres confommez, dans lefquels reftent les principes de generation qui auoit efté faite efdits corps, les qualitez d'iceux ayant efté longuement infufes en ces principes, & eux en elles, ces fiens en retiennent encor de grandes impreffions, tant de la qualité des corps, que de celles des efprits, lefquelles puis apres ils viennent à contribuer de rechef à la production d'autres plantes, quand nous les employons en terre, faifant les nouuelles participantes des qualitez des precedentes. Cela fera apperceu facilement, fi les fecondes plantes conuiennent à la nature des premieres, car trouuant vne nourriture propre à elles, elles en feront grandement leur profit, & s'en accommoderont plus volontiers : ou bien fi elles font contraires, il fe fera vn meflange de la

nature des vnes & des autres, d'où il prouiendra des changements, qui
felon qu'ils rencontreront, feront propres à rabiller ce que nous defirons
aux fruicts, & plantes, ou bien à les empirer, fi nous ne confiderons les
facultez de ces alimens, & la nature de ce que nous voulons qu'ils nourriffent. Il fera donc neceffaire de faire diftinction des fiens, mettant chacune forte à part pour en vfer à propos, & felon le befoin.

Le fien qui prouient des excrements de l'homme, eft plus temperé &
plein de fel generant qu'aucun autre, & tres-propre quand il eft bien confommé pour les Orangers, Citronniers, & autres plantes que l'on met
dans des vafes, ou caiffes.

Le fien de Cheuaux & Afnes eft abondant en chaleur temperée.

Celuy de Beufs & Vaches eft frais.

Celuy de Brebis & Cheures, eft plus gras & bien temperé.

Celuy de Pourceaux eft chaud.

Celuy de Pigeons, & volailles, plus chaud encores : mais celuy des
oyfeaux aquatiques, eft bruflant.

Les boüillons & laueures d'efcuelles, le lexif, le fang des animaux, &
les animaux mefmes feruent de fiens, bien temperez, & gras. Celuy de
marc de vin, & la lie, ont infinie vertu, retenant des qualitez excellentes,
& efprits fubtils, dont nature a remply la vigne, fur toute autre plante. Celuy du marc des huiles augmente grandement la vertu produifante à la
terre, mais il y a danger du trop, faifant le mefme effect dans terre, que les
chofes trop graffes font dans noftre eftomach. Celuy des autres fruicts
felon fes qualitez, en participe, & donne aux mefmes arbres, ou plantes
qui les portent, grande vertu fructifiante, & les mefmes efprits qui leur
font neceffaires. Celuy qui fe fait des firops, & rafineries de fucre & miel,
eft la douceur mefme, tres-propres aux plantes aufquelles on defire la
douceur fauoureufe, où ils abondent. Celuy qui eft meflé de faumeure
donnera fon gouft. Celuy qui fera fait de plantes particulieres, abondantes en qualitez puiffantes, de faueurs, couleurs, ou odeurs, & leurs
cendres auffi en participeront. La corne des animaux a grande efficace
en terre, l'employant rapée & par coppeaux que font les Cornetiers,
comme ont auffi les ergots & ongles de brebis & moutons. Le tan qui a
feruy à apprefter les cuirs y eft propre, mefme celuy qui fe fait dans les
corps des faules, quand la pluye y entrant les pourrift. Et employerons
encor la fuye des cheminées qui fait multiplier les fleurs, les boües amaffées par les ruës & chemins bien feichées & éuaporées, employées en terre, augmente d'autant fa bonté que les boües ont efté meflées & longuement paiftries auec le foleil, l'air, & les pluyes. L'Efté auffi font bonnes à
s'en feruir les pouffieres des ruës & chemins, lefquelles n'ayant tant de
graiffe que les fiens, font plus profitables aux vignes, ne rendant le vin
gras & huileux, ainfi que font les fiens en certaines terres graffes de leur
nature.

Mefme ayant befoin pour les Orangers, & autres plantes exquifes, qui

se mettent dans des caisses & pots, d'vn fien qui aye abondance de ce sel
produisant, il s'en fera vn excellent, si creusant en terre vne fosse de six
pieds de large, quatre de profond, & de longueur proportionnée à la
quantité de fumier dont on aura besoin, vous la remplissez d'vne couche
de fumier menu bien pourry d'enuiron deux pouces d'espaisseur, sur
laquelle en mettrez vne autre de pareille hauteur de bonne terre, vne
autre de marc de vendange, vne autre de crotin ou fumier de Mouton, vne autre de fumier de Pigeon, vne autre de Vache, y meslant les tiges & feüilles de Citroüilles, Concombres, & Melons, mesmes leurs fruicts gastez & pourris, continuant à mettre alternatiuement
vne couche sur l'autre, iusques à ce que la fosse soit remplie, puis y
ayant ietté quantité d'eau dessus, l'acheuerez de couurir de terre, & la
laisserez deux ans se consommer & pourrir, ayant soin d'oster les herbes
qui croistront en abondance dessus; il sera bien de faire la fosse en lieu
frais, où proche du puits, afin de la pouuoir arrouser pour la faire tant
plustost pourrir, & empescher que le fumier ne se brusle faute d'humidité; au bout de deux années trouuerez vn fien gras & bien pourry, qui
seruira d'vn excellent remede aux arbres malades, & d'vne grande ayde
aux plus vigoureux; & sera bien d'en faire toutes les Automnes, afin d'en
auoir tousiours de bien consommé & pourry. Et sur tous n'en doiuent
estre dépourueus ceux qui ayment, ou qui ont charge des Orangers, Citronniers, & autres plantes rares, qui se mettent dans des caisses, & qui
par consequent ont besoin d'vne grande nourriture, qui se trouue tres-
conuenable dans le fumier susdit. Donc que rien ne se perde, & que
tout ce qui pourra estre employé en fiens soit aussi soigneusement recueilly que merite l'vtilité qu'ils apportent, & specialement les fruicts
pourris, & qui tombent deuant qu'estre meurs; car ils seruiront aux
mesmes arbres ou semblables, de bonne nourriture propre à leur nature.
Chacune sorte de fiens estant separée doit estre mise à monceaux par vn
soigneux affaissement, qui aydera & auancera la pourriture: le plan de la
terre où ils seront amoncelez doit estre vn peu concaue, & ferme, afin que
leur ius coulât ne se perde: Et pource il n'est pas bon que les fiens soiêt mis
en lieu penchât, ny dessous les goutieres des maisons, de peur que l'abondance d'eau ne les laue, & emporte leur bonté, celles des pluyes suffit pour
ayder leur pourriture. Les fiens plus pourris sont les meilleurs pour
augmenter la vertu produisante de la terre, & s'il estoit possible d'attendre leur perfection, ne seroit besoin de les employer que la troisiesme
année, & lors ils n'auroient que de bons effects, tous les inconueniens qui
sont és nouueaux fiens estant passez, comme la puanteur de leur pourriture, qui donne mauuaise odeur, & mauuais goust; leur chaleur excessiue, qui rend la terre intemperée, tuë les plantes, & engendre des animaux qui les mangent: le sel produisant que nous cherchons en eux, n'est
mesme temperé qu'auec le temps & les exhalaisons qui se font: bref deuant que les fiens soient propres à la production, il faut qu'ils soient re-

duits & faits terre. Cependant les noueaux fiens ne feront inutils, les
vns feruans de bons medicaments aux arbres, les autres conferuant les
plantes de la rigueur du froid, d'autres faifant germer les graines, d'autres
chaffant les mauuaifes broüées, & donnant autres aydes & fecours tres-
vtils. Nous auons defia dit, que les fiens à demy pourris feruent à feparer
& efchauffer les terres argilleufes trop preffées, & trop froides, & quand
ils font acheuez de pourrir leur contribuent leur fel. La meilleure faifon pour employer les fiens, eft l'Automne; car il eft diffoud en terre, par
les plüyes qui furuiennent: & durant l'Hyuer il eft apprefté pour la production qui fe fait au Printemps, eftant bien meflé par les labourages.
On les peut aufli employer au Printemps appreftant la terre pour les
femences & plantes; mais l'Efté il eft feché trop foudain par la chaleur
vehemente qui empefche fa vertu, & fa propre chaleur fe rend intemperée par celle de la faifon.

CHAPITRE XI.

Des quatre Saifons de l'année.

LE Soleil faifant fon cours annuel, fe hauffe ou baiffe
iournellement fur noftre orifon, & formant par iceluy l'année, il la rend de diuerfes temperatures, felon
que fes rayons approchent ou s'efloignent de la ligne perpendiculaire tombante fur noftre orifon, &
à caufe de cette diuerfe temperature, & de fes effects
diuers, l'année a efté diftinguée en quatre parties,
donnant trois mois à chacune d'icelles, qui font le
Printemps, l'Efté, l'Automne, & l'Hyuer, que nous appellons faifons,
deux defquelles font temperées, & les deux autres entremeflées parmy
celles-cy, font intemperées, l'vne de chaud, & l'autre de froid exceffifs.

La premiere faifon eft le Printemps de qualité chaude & humide, qui
la rend temperée, non efgalement, ains montant du froid au chaud par
vn doux degré conuenant tellement à la nouuelle production, que par
fon moyen la terre fait que nous n'auons qu'à admirer la fouueraine
Prouidence en fes œuures, aufquelles n'y a à fouhaitter, ne defirer, finon
que les temps & les faifons fe comportent felon la difpofition qui leur a
efté ordonnée par la Prouidence diuine dés le commencement du monde. Mais Dieu regnant fur cette excellente difpofition de nature, il s'en
fert comme bon luy femble, il y change & altere quelques fois pour cha-
ftier les hommes de leur ingratitude; il donne la grefle au lieu de pluye;
il retient de la gelée pour s'en feruir hors temps au lieu de rofée, il enuoye
des bruines qui gaftent les fleurs & les fruicts; les vents fouflent comme
il ordonne, diminuant & reftreignant fes liberalitez, en deftournant ou
retardant les moyens dont il fe fert à nous bien faire, afin de nous fai-

re penſer à luy & reconnoiſtre ſes graces & ſa iuſtice.

Le Soleil donc ſe hauſſant au Printemps ſur noſtre oriſon, eſchauffe iournellement de plus en plus la terre, & la viuifie, attirant & incitant la faculté vegetante & produiſante qui eſt en elle: Et de plus, le Soleil ſe leuant en cette ſaiſon, auec autres Aſtres de conſtellations & vertus attractiues, il éleue de la terre & des eaux des exhalaiſons, qui ſont portées en la moyenne region de l'air, & là par le froid eſpaiſſies, & puis conuerties en pluye, de laquelle la ſurface de la terre eſtant ſouuent arroſée, ſa fecondité en reçoit vne ayde tres-puiſſante à la generation. De ſorte que plus cette premiere ſaiſon eſt ſouuent entremeſlée d'humidité par les pluyes, & de chaleur par les rayons du ſoleil, elle produit dauantage de plantes, les fait plus belles & amples; leurs fleurs & fruicts tendres & delicats, ſont formez, nourris, & accreus en vn air doux, qui eſt temperé par les meſmes moyens qu'eſt la terre. Dauantage en cette premiere ſaiſon ſouffle ordinairement vn vent d'Occident doux & temperé ſelon qu'eſt la region d'où il part, Fauonius ou Zephyre amy des fleurs, qui les éuente, & le laiſſe aſpirer doucement, afin que ny le ſoleil trop fort, ne puiſſe deſſeicher, ny la pluye trop continuelle ſur eux, pourrir cette delicate production, où abondent tant d'excellences & delices.

Or la nature trauaillant diligemment pour nous en cette premiere ſaiſon, il n'eſt pas raiſonnable que demeurions les bras croiſez, il la faut ſuiure, il la faut ayder, pour la rendre propice à noſtre deſir, & qu'elle nous donne les commoditez & plaiſirs que nous deſirons d'elle. Puis qu'elle fait germer les graines au Printemps, il faut luy en donner de bonne heure de celles dont nous deſirons les fruits, ou elle en fera naiſtre des ſiennes ſans noſtre ayde; car elle en a de toutes ſortes en ſon ſein, les noſtres meſmes ſont priſes chez elle, & elle les augmentera encor de bonté & beauté, ſi nous faiſons les choſes à temps & à propos. Si deſia nous n'auons planté ou tranſplanté les arbres forts, il ſe faut haſter, ou attendre l'Automne; car depuis que la ſéue monte & le beau verd du nouueau iect commence à paroiſtre, il n'eſt plus temps de changer de place aux arbres, ſur peine de mort. C'eſt icy la meilleure ſaiſon d'enter les arbres en la meilleure maniere; à ſçauoir dés les premiers iours du Printemps, deuant que la ſubſtance appreſtée monte & ſe leue, & qu'elle ſoit employée en fleurs, en feüilles, & en branches. Si auſſi nous auons à tailler, couper, ou eſbrancher, lier, plier, & iacqueter, ç'en eſt la vraye ſaiſon deuant que les boutons ſoient enflez & groſſis, de crainte de les meurtrir ou rompre. Bref c'eſt le vray & propre temps de iardiner, ayant les terres de long-temps eſté appreſtées, attendant cette temperature neceſſaire, & cette ſaiſon commence à la my-Mars, le Soleil entrant au ſigne du Mouton, qui eſt l'Equinoxe.

DE

DE L'ESTE'.

APRES suit l'Esté, chaud & sec, qui est la seconde saison, commençant à la my-Iuin, lors que le Soleil entre au signe de Cancer, desia haut esleué sur nostre orison : sa chaleur cuit & meurit les plantes & fruicts plus tendres & auancées, & faisant croistre les plus tardifs ; appelle les Faucheurs aux prez, où desia l'herbe creuë & montée en graine commence à iaunir : Il nous donne les Cerises, & Abricots, apres les Fraises du Printemps, qui desia ont seruy de rafraichissemens & mets tres-delicieux aux meilleures tables : Il a ses Poires particulieres de plusieurs sortes tres-excellentes : diuerses sortes de Prunes nous viennent en cette saison, & les grandes moissons des bleds : Il paye & recompense la peine des Laboureurs, leurs granges estant remplies de ses tresors iaunissans. Le Iardinier à plus de peine à cueillir & amasser qu'à labourer, il arrose ses semences & plantes, il tond & enioliue ses pallissades & bordures, il ente en escusson, si la seue dure, ou il se repose durant la grande chaleur du iour qui luy oste sa force, voire la force de la terre. Neantmoins si vne grande pluye suruenoit, dont la terre fust imbuë, rafraichie & humectée, tel temperament feroit vn nouueau Printemps, & l'arbre qui auroit allongé son iet, tant qu'il auroit eu de seue & d'humeur coulante, que la grande chaleur auroit arrestée, trouuant lors en terre nouuelle temperature, prendroit nouuelle prouision, & de nouueau commenceroit de pousser, & à allonger ses branches nouuelles, autant que la chaleur de l'Esté moderée le luy permettroit ; plusieurs arbres & plantes qui donnent leurs fruicts en Automne, se trouueront grandement soulagées de ce rafraichissement, plus vtile & propre aux plantes & à la terre, que tous les arrosements du Iardinier.

DE L'AVTOMNE.

L'AVTOMNE de qualité froide & humide, est temperée entre le grand chaud de l'Esté, & le froid de l'Hyuer, par l'abbaissement du Soleil, qui retournant le chemin qu'il estoit monté, est prest d'entrer en la Balance peu apres la my-Septembre : son esloignement ennuye la terre, & de regret elle laisse ses beaux habits ; elle se despouille, ses feüilles tombent, & deuient langoureuse. Neantmoins le Soleil se leuant auec autres astres de vertus attractiues comme au Printemps, il donne à la terre des pluyes en abondance qui amolissent sa dureté, rafraischissent l'excessiue chaleur qu'il luy auoit apportée. La regardant de prés, & de cette temperature elle reprend vigueur, raprouisionne toute sa production : & sans le froid qui suruient, & rend l'air plustost intemperé qu'elle, non seulement elle feroit de nouuelles fleurs ; mais elle allongeroit aussi les branches, qu'elle grossit & fortifie pour resister à la rigueur de l'Hyuer prochain. Elle est riche en fruicts, & si l'Esté a eu les moissons elle a les vendanges ; les Pommes, Poires, & Coins, sont a elle, &

D

infinis autres fruicts qu'elle acheue de cuire & meurir à loifir ; auffi font-
ils de plus longue durée, & font gardez pour la prouifion de l'Hyuer,
qui eft pauure & fouffreteux. Les bons Iardiniers ne laiffent paffer la
commodité de fa temperature, fans s'en preualoir, & dés fon commencement, apres la premiere forte pluye qui furuient, ils plantent leurs
arbres, qui prennent terre & nourriture, auant que le grand froid ait
arrefté la nature : C'eft la bonne faifon de planter, non feulement les
arbres forts, & les grands plants, mais auffi tous autres menus plants : il
faut femer auffi bien aux iardins qu'aux campagnes : c'eft la faifon des
bons labourages, de l'amendement des terres par les fiens, & toute autre
bonne culture doit eftre faite durant cette temperature, preuenant les
dangers & inconueniens que l'Hyuer apporte.

DE L'HYVER.

L'HYVER chenu, de qualité froide & feiche, femble eftre contraire à la generation, car durant iceluy la terre par l'efloignement
du Soleil eft retirée en elle fans vegetation, ne fe trouuant aydée de
chaleur, dont naturellement elle manque, eftant de qualité froide &
feiche, ainfi que l'Hyuer : & fans chaleur en nature il n'y a point de vie,
ny de vie fans chaleur : de là vient qu'elle eft infertile, fi le Soleil ne la regarde, & ne l'efchauffe : car feulement par vn peu de fon abbaiffement,
que diminuë la force de fes rayons, elle eft arreftée fans mouuement :
neantmoins le temps qu'elle demeure fans trauailler ne luy eft du tout
inutile, fon repos la renforce, & le rude froid de l'Hyuer ne luy eft fi contraire, qu'il ne luy ferue en quelque chofe. Apres auoir efté glacée & endurcie, le dégel furuenant luy vaut mieux qu'vn labourage, fes groffes
mottes fe mettent en pouffiere, parmy laquelle l'air s'incorpore facilement, duquel elle n'a pas moins de befoin à la generation que des autres
elements, ores qu'il foit fon contraire. Si la rigueur du froid tuë aucunes plantes inutiles, ou les mauuais animaux qui gaftent les bonnes, cela
fert à fon embelliffement pour la faifon prochaine. Les neiges de l'Hyuer
luy feruent de couuerture contre le trop grand froid, & conferuent les
femences, empefchant que les oyfeaux & autres animaux ne les mangent. L'Hyuer donnant vn peu de repos aux Laboureurs & Iardiniers,
du grand trauail qu'ils rendent à la terre, leur donne temps de s'apprefter,
pour puis apres l'orner & embellir dauantage, ayant de bonne heure
tranfporté fous des couuerts & lieux temperez, les plus delicates plantes, ou en ayant couuert d'autres fur le lieu, & laiffé les plus fortes à la
mercy du froid, qui felon les climats eft plus rude, ou plus moderé, plus
auancé, ou tardif, ou de plus longue, ou plus courte durée.

CHAPITRE XII.

De la situation du Iardin.

L A situation du Iardin est grandement considerable en trois choses, principalement en l'aspect selon les differences de climats, en la fertilité naturelle de la terre, & en la commodité de recouurer facilement de l'eau pour les arrosements ordinaires. Premierement pour l'aspect, si nous nous trouuons en vn climat fort chaud, l'aspect du Septentrion moderera la trop violente chaleur en partie; comme au contraire és climats trop froids nous deuons chercher l'aspect du Midy, & nous garder du Septentrion, tenant pour maxime qu'en quelque lieu que soyons situez, nostre Iardin aura tousiours besoin d'vn bon & puissant soleil, necessaire à la production : mais s'il est trop violent il destruit, y ayant des contrées où l'excessiue chaleur ne laisse pas seulement croistre de l'herbe ; il faut euiter cette violence autant que pourrons, en nous mettant à couuert, s'il est possible, du plus grand chaud, qui est le Midy, & rafraichissant la terre d'arrosements abondans, pour la rendre en vne certaine temperature, moins froide que chaude neantmoins, par l'abondance des plantes & leur ombrage, la terre est aussi moins desseichée des rayons du soleil, & conserue dauantage son humidité. Si nous sommes en climat de bonne temperature, comme est en France la hauteur de quarante cinq degrez, il nous sera bien plus facile d'éuiter les inconueniens qui arriuent par l'excez du chaud & du froid, qu'en ceux qui sont plus intemperez, cettuy estant suffisamment chaud pour la production de la plus part des fruicts & des plantes qu'auons en vsage; ou si nous auons des plantes, ou fruicts qui demandent encor vn plus chaud climat, nous pourrons faire comme i'ay dit, parlant de l'augmentation de la force du soleil, prenant vn costau qui regarde le Midy, & qui nous defende du Septentrion, il ioüira encor du Leuant & du Couchant, s'il n'y a empeschement d'ailleurs, & sera veu le long du iour d'vn tres-grand soleil, qui sont de grandes aydes à sa force : & au defaut d'vn costau nous éleuerons des murailles en ces mesmes aspects, contre lesquelles nous planterons nos espalliers de fruictiers, nous seruant de leur ayde & secours, selon le besoin que nos fruicts ou plantes en pourront auoir.

Les climats chauds comme peut estre la Prouence, n'abondent pas en toutes sortes de fruicts & de plantes, ils ont leurs fruicts particuliers, comme les Citrons, & Oranges, les Grenades, Oliues, & Figues, les Raisins, & les Melons qui ayment les climats chauds, par cette grande chaleur sont cuits & mieux assaisonnez telles sortes de fruicts, leur sa-

D ij

ueur , odeur & couleur en eſt plus parfaite qu'és climats plus temperez , & neantmoins ſi en ce climat de quarante cinq degrez & prochains,
nous apportons toutes les precautions & les remedes neceſſaires ,
nous aurons tous ces fruicts là ſuffiſamment bons, & les autres fruicts &
plantes, qui ne demandent qu'vne chaleur moderée, nous les y aurons
excellens & abondans , pourueu que la nature de la terre ſoit capable de
les nourrir. Il y a des terres qui ne ſont pourueuës naturellement de
nourriture conuenante à certaines plantes & fruicts , ainſi que nous
voyons en diuerſes contrées differentes ſortes de plantes. Or tout ainſi
que la nature demande la temperature en la production qu'elle fait, cherchons là auſſi és climats & aſpects, où nous nous trouuons ſituez, où
choiſiſſant vne ſituation, prenons la plus temperée qui s'offrira, amendant par l'aſpect, s'il eſt poſſible, le defaut qui ſe trouueroit au climat.

L'aſpect de l'Orient, & celuy de l'Occident, ſont naturellement temperez , pour les raiſons qu'auons dites parlant de leur ſituation ; c'eſt
pourquoy toutes ſortes de fruicts viennent tres-bien contre les murailles
qui ont ces aſpects, ſpecialement l'Orient eſt à priſer en la pluſpart des
climats, pourueu que les premiers rayons du Soleil effleurans la ſurface
de la terre ne trauerſent des lieux mareſcageux , & nous apportent ces
mauuaiſes exhalaiſons quis'éleuent le matin de ces lieux fangeux & in-
fects ; ſi à midy le Soleil paſſoit par deſſus le marais, l'infection ſeroit eua-
porée & deſſeichée par les premiers rayons , & ne nous apporteroit ſi
grand preiudice, tant à noſtre ſanté, qu'aux arbres & plantes de nos Iardins, qui ſouuent s'en trouuent grandement incommodez.

Quant à la terre, il la faut choiſir bien fructueuſe , par les qualitez
qu'auons remarquées les meilleures, n'ayant pas ſeulement égard au premier lit de la ſurface, mais auſſi au ſecond & troiſieſme, eſquels les arbres s'attachant profondement auec leurs racines, contre l'ébranlement
des vents y doiuent trouuer nourriture, qui n'apportent ny aux arbres
ny aux fruicts ſubſtance faſcheuſe & contraire, qui pourroit changer
le gouſt, & autres bonnes qualitez du fruict, ainſi qu'il s'en trouue :
celle qu'auons nommée varaine douce plus propre aux Iardins, eſt ordinairement pourueuë de bonne nourriture de facile culture, propre à
receuoir amendement par les fiens & arroſements , & n'apporte aux
plantes aucunes mauuaiſes qualitez , auſſi ſe plaiſent en elle la pluſpart d'iceux.

Pour le regard de l'eau, nous deſirerions ſans raiſon vn fort Soleil
pour noſtre Iardin, ſi nous n'auions l'eau pour temperer ſa chaleur, &
pour arroſer la terre quand elle, ou les ſemences que nous luy donnons,
en ont beſoin : nous recouurerons cét eau, s'il eſt poſſible, d'vne ſituation plus haute que celle du Iardin, afin de la conduire plus facilement
dedans, ſoit en ruiſſeau coulant ſur terre, où en tuyaux couuerts, il n'importe de quelle matiere ſoient les tuyaux, pourueu qu'ils nous amenent
quantité d'eau , qu'il faut quelquefois en grande abondance pour vn

arrosement general à tout le Iardin, iusques à le couurir d'eau pour peu
de temps, il aduient quelque fois que la terre est si alterée que par autre
arrosement on ne pourroit l'humecter à suffisance, & le peu d'arrosement apporte souuent preiudice, le prudent Iardinier en sçaura vser
discretement, ainsi que nous dirons parlant des arrosements.

Il faut aussi qu'amenant l'eau abondante en nostre Iardin, elle aye sa
descharge facile & continuelle par vne pente qui l'escoulera dehors, &
empeschera l'incommodité qu'elle nous donneroit seiournant chez
nous. Doncques trouuant vne douce colline en bon aspect selon le climat, en laquelle sort vne bonne source continuelle, ou vn ruisseau coulant, nous prendrons la situation de nostre Iardin, au dessous de ladite
source, ou ruisseau, afin d'y pouuoir conduire l'eau, & le bas de la colline au dessous du Iardin, seruira pour la descharge & vuidange ordinaire
de l'eau qui nous apporteroit incommodité, si n'auions lieu de l'en-
uoyer apres l'auoir appellée; car l'excellence de l'arrosement est d'auoir
l'eau commode & abondante pour en vser selon le besoin, & non autrement. Cette demie hauteur de colline nous donnera encor commodité
de receuoir vn bon air, salubre, & de bon temperament, estant celuy
du fonds des vallées ordinairement estouffé par la reuerberation des
rayons du Soleil, causée des montagnes, & autres hauteurs qui se rencontrent és enuirons, qui empeschent le vent de purifier l'air, & le rafraichir, dont les arbres & les plantes n'ont moins de besoin pour les tenir
en bon estat, que les hommes mesmes pour leur santé; mais la cime &
hauteur entiere de la colline, ou montagnette, se trouue au contraire
souuent trop éuentée, & trop rafraichie : la force des vents y est trop
violente, secoüant les arbres auant que les fruicts soient meurs, rom-
pant leurs branches chargées de fruicts, & donnent trop de peine aux
racines de s'attacher profondement de crainte d'ébranlement, quelque
fois en mauuais terroir. Il sera encore besoin qu'en cette demie hauteur de colline se trouue assez de plain, soit naturel, ou fait par art, afin
que les allées & promenoirs y soient de niueau, beaux, & faciles, &
qu'arriuant des rauines & trop fortes pluyes, elles n'emmenent les terres en bas, si la situation estoit trop penchante. Doncques s'il dépend
de nous de choisir à nostre gré la situation du Iardin, nous aurons premierement égard au climat, & selon iceluy choisirons l'aspect conuenant, prendrons principalement le terroir naturellement fructueux,
ayant la commodité de l'eau, & l'éleuation en air temperé, qui sont choses qui ne se rencontrent pas tousiours comme il seroit à desirer : mais
chacun en approchera le plus prés qu'il pourra, s'il veut ioüir des bien-
faits de la nature auec moins de peine.

D iij

CHAPITRE XIII.

Des qualitez requifes au Iardinier.

YANT entrepris de parler des arbres & plantes, &
des chofes conuenantes aux Iardins; il eft auffi raifonnable de dire quelque chofe du Iardinier, fans
l'adreffe & fuffifance duquel nous ne pourrions venir à bout de noftre befogne. Si nous deuons faire
diftinction des plantes & fruicts, voire de la nature
des terres & fiens, employerons nous à cette manufacture tant importante, de grand art & grande
pratique, le premier qui fe prefentera, fans le
connoiftre & bien choifir ? Quand auec grand foin nous le chercherons,
à peine trouuerons nous homme d'entiere connoiffance & intelligence
requifes en toutes les parties du iardinage : auffi ie croy que nous aurons
pluftoft fait d'en dreffer vn, que de le trouuer accomply, fe rencontrant
en cét art non moins de particularitez à fçauoir, qu'és autres arts que
nous voyons departis & feparez ; l'Orfeurie a plufieurs fortes d'Orfe-
ures, les Forgeurs, les Menuifiers de mefme, ne pouuant à peine vn feul
homme apprendre en toute fa vie vn art entier : ainfi des Iardiniers,
l'vn entendra vne particularité, l'autre, l'autre ; & neantmoins il feroit
befoin qu'vn bon Iardinier fuft vniuerfel en fon art, tant pour faire les
chofes de fa main, que pour les faire faire aux autres qu'il employera.

Or tout ainfi que nous choififfons pour noftre Iardin les arbres ieunes, la tige droite, de belle venuë, bien appuyée de racine de tous coftez,
& de bonne race : prenons auffi vn ieune garçon de bonne nature, de
bon efprit, fils d'vn bon trauailleur, non delicat, ains ayant apparence
qu'il aura bonne force de corps auec l'aage, attendant laquelle force
nous luy ferons apprendre à lire & efcrire, à pourtraire & deffeigner;
car de la pourtraiture dépend la connoiffance & iugement des chofes
belles, & le fondement de toutes les mechaniques; non que i'entende
qu'il aille iufques à la peinture, ou fculpture, mais qu'il s'employe principalement aux particularitez qui regardent fon art, comme les com-
partiments, feüillages, morefques, & arabefques, & autres, dont font
ordinairement compofez les parterres : commençant à profiter en pourtraiture, il faudra monter à la Geometrie, pour les plans, departements,
mefures, & allignements, voire s'il eft gentil garçon iufques à l'Architecture pour auoir intelligence des membres qui font befoin aux corps
releuez, & apprendra l'Arithmetique pour les fuppurations des dépen-
fes qui pourront paffer par fes mains, afin qu'il ne fe trompe, ou ne fe
laiffe tromper quand il fera befoin d'achapts & fournitures de plan, ou
autres matieres. Toutes lefquelles fciences, il faut apprendre en ieu-

neffe, s'il eft poffible , afin qu'eftant en aage fuffifant de trauailler aux iardins, il commence par la befche à labourer auec les autres ma-neuures, apprenant à bien dreffer les terres, plier , redreffer, & lier le bois pour les ouurages de relief : tracer fur terre fes deffeins, ou ceux qui luy feront ordonnez, planter, & tondre les parterres, & auec la faucille à long manche les palliffades ; & plufieurs autres particularitez qui regardent les embelliffemens des iardins de plaifir ; refte le iardin d'vtilité qui prouient des fruicts & des plantes qui font mangées, où il faut non moins d'intelligence & de trauail qu'en l'autre, la connoiffan-ce de la nature des terres fort differente, y eft encore plus neceffaire, celle des fiens diuers, de la difference des climats & des afpects, celle des vents & de la Lune, iufques à pouuoir vfer de pronoftique pour preuoir les temps : faut auoir la connoiffance des plantes, qui eft vne grande fcience ; fçauoir leur nature, & la culture qu'elles demandent, les faifons de femer leurs graines , de les auancer, les tranfplanter pour les faire croiftre, retarder, & conferuer, blanchir & attendrir, & infinies autres particularitez encor, qu'il faut que le Iardinier fçache pour faire & pour enfeigner fes gens, car tant & tant de chofes ne fe font pas par vn homme feul.

Quand il fera queftion d'vn iardin meflé de gentilleffes pour le plai-fir, & pour l'vtilité enfemble, fi nous ne trouuons vn Iardinier fuffi-fant pour les deux, il en faudra choifir vn autre qui aura efté nourry & inftruit és iardins potagers de ces marais és enuirons de Paris, car les Maiftres qui les tiennent entendent bien cette maniere de iardinage, à laquelle eft befoin d'vn long apprentiffage, auffi bien qu'à l'autre , & quelque fuffifance que puiffent acquerir l'vn & l'autre de ces Iardiniers, fi eft-ce qu'ils pourront encor apprendre tout le long de la vie, s'ils font affectionnez au meftier, & ne deuiennent faineans, l'art eftant plein de grandes & belles curiofitez & fecrets pris de la nature, non moins dignes de fpeculation & arraifonnement, que du trauail de la main.

Du foin & trauail que doit prendre ordinairement le Jardinier.

LE trauail & exercice de l'Agricole n'eft pas petit , ny pour vn iour : pour peu d'entreprife qu'il faffe, il aura encor le temps court, furuenant iournellement nouuelles befognes ou occafions de s'em-ployer. La premiere & principale eft , de foufleuer la terre, qui de fa propre pefanteur s'affaiffe & durcift, & par le labourage & remuëment elle eft renduë plus capable de receuoir l'ayde des autres eliments, qui prennent plus facile accez en elle, la tempere des facultez & puiffances contraires qui font en eux, & par cette temperature elle deuient plus feconde & capable de conceuoir & nourrir cette belle & heureufe pro-duction, qu'elle fait par les faifons de l'année, felon la temperature d'i-celles. C'eft donc à l'Agricole de la preparer à temps qu'elle puiffe tra-

uailler à fon œuure, auffi toſt que cette temperature arriue, fans laquelle
la terre demeure impuiſſante, le froid & chaud exceſſifs l'arreſtant, &
empeſchant d'agir felon fon defir. Or pour paruenir à cette temperature, nous deuons auoir égard aux climats, & aux afpects des lieux où
nous nous trouuons fituez, & à ceux que nous pouuons choifir, pour
amender en eux par artifice ce que nous pourrons de leur defaut.

Le choix des terres eſt encore grandement confiderable, tant de
celle de la furface que des autres lits prochains; car celle qui naturellement eſt fort fructueufe, épargne bien de la peine quand il faut rabiller
les defauts; fi elle eſt trop feiche, il luy faut vn champ plain, & de niueau,
pour receuoir & retenir l'eau de la pluye, ou autre que l'on pourroit luy
donner; & au contraire la terre trop humide demande vn champ pen-
chant qui écoule les eaux, difpofant les feillons & planches propres à
tel effect.

Pour les amendemens de la terre auec les cendres & fiens, il en faut
faire bonne prouifion, fe trouuant peu de terres qui n'en ayent befoin;
car en eux fe trouue vn grand fecours pour toutes fortes de terres, quand
nous les employons à propos, fe trouuant en iceux les principes de generation des corps dont ils font prouenus, qui n'ont peu eſtre confommez par le feu, & par la pourriture, & qui contribuent aux nouuelles
plantes, quand ils font mis en terre auec les qualitez des precedentes, d'où
il fait de grands amendemens aux plantes, & à leurs fleurs & fruicts.

L'Agricole doit encore prendre garde de faire fa befogne en beaux
iours clairs & nets, foufflants vn vent propre à netoyer l'air, foit labourant, femant, taillant, plantant, & entant, d'où vient qu'il ne doit perdre aucune occafion de s'employer à ce qu'il pretend pour obferuer tant
de particularitez qui y conuiennent, & qui ne fe rencontrent pas fouuent enfemble.

Les faifons, l'eſtat de la Lune, les beaux iours, & autres confidera-
tions, où il faut auoir égard comme à arracher les arbres pour les tranfplanter, & couper les greffes pour les enter, doit eſtre en vieille Lune; le
tranfplanter & enter doiuent eſtre faits en la nouuelle, & toufiours en
beau-temps deuant que la féue monte, & le plus proche d'icelle qu'on
peut; & ainfi des femences celles qui font pour produire plantes grandes
& hautes, doiuent eſtre femées à la fin & commencement de la Lune, & celles que l'on veut retenir baſſes & affaiſſées, comme Lai-
ctuës & Choux pommez, doiuent eſtre femées & tranfplantées en
pleine Lune.

Pour les arrofements? Heureux qui a abondance d'eau plus haute
que fon iardin, où elle puiſſe couler quand il luy plaiſt, & non autrement, & qui a encore de la pente pour l'écouler hors, quand l'arrofement fuffit; finon il faut auoir recours aux puits, pouferangues, &
autres inuentions d'éleuer l'eau, & s'aydant de l'arrofoir ordinaire,
arrofer quand befoin eſt.

Il y

Il y a des plantes qui ne font en leur perfection, ou leurs fruicts, que bien tard, & proche de l'Hyuer, & fi la gelée les prend ils font per-dus; à ceux-là faut vn couuert, auquel ils puiffent eftre tranfplantez en terre, où ils acheuent de venir à perfection; mais il feroit neceffaire que tout le refte des faifons, le Soleil & la pluye viffent le terroir pour le rendre fructueux. De cette nature de plante font les Chou-fleurs, les Artichaux, & autres, mefmes des petits arbres & arbriffeaux qui vueillent le couuert pour paffer l'hyuer feurement. Ils fe portent mieux y eftant plantez en terre auec la motte, que dans les pots & quaiffes, & au Printemps les remettre en autre terre en grand air; mais l'vn & l'autre de ces remuëments, & changement de terre, doit eftre fait promptement, fans que les racines s'éuentent, ou foient alterées par l'air. Nous demandons que la terre foit bien fructueufe, & la pluf-part de noftre trauail tend à cela; mais elle produit ordinairement plus que nous ne voudrions : car ne fe contentant pas de ce que nous luy donnons à nourrir, elle produit d'autres plantes naturelles en diuers terroirs, qui gaftent & enfalliffent noftre befogne, mangent la nour-riture de celles que nous defirons, & fait que le Iardinier employe non moins de temps à ofter & extirper cette production fauuage, ou naturelle, qu'à toute fon œuure; le liferon & le chiendent luy don-nent bien de la peine, ayant la vie forte, & la durée longue, ils en-trent profond en terre, & la courent en peu de temps, & beaucoup d'autres, où fouuent le farcler & ratiffer ne fert de gueres, & faut venir à vn profond labourage, cherchant iufques aux dernieres ra-cines. Ce n'eft pas tout, il fe faut garder du rauage des animaux fafcheux, qui mangent & broutent nos bonnes plantes, elles ne font pas nées qu'elles ont les loches & les limaffons, qui les cher-chent; les taupes, & les mullots les mangent en terre, & les graines; les anetons, & cantarides vont au plus haut des arbres deuorer tout; mais les chenilles de plufieurs fortes deftruifent, non feulement vn iardin, mais toute vne Contrée & Prouince entiere, fi auec vn foin fingulier, & à temps, on ne cherche des remedes contre ces peftes de iardins; les poux, les barbots, les fourmis & autres, font tres-fafcheux.

Ainfi l'Agricole n'a pas beaucoup de temps à fe débaucher, car apres les plans & femences viennent la taille & rejaquetage, redreffe-ment des palliers, & palliffades, leur tondeure, & celle des moyennes bordures & parterres; tout cela & plufieurs autres chofes demandent les faifons & temps commode, la pluye doit prendre, ou fuiure de prés la tondure, pource qu'on découure à l'air ce qui fouloit eftre caché de la plante, & le chaud l'enuahift & fanift. Nous ne pouuons pas dire toutes les chofes neceffaires d'eftre faites par le Iardinier, il le void affez fur le lieu, s'il y prend garde de prés. Nous difons ceci feulement pour monftrer qu'il doit eftre diligent, patient au trauail, confideré, & pre-

E

uoyant, ne laissant passer les occasions de faire ce que le temps & les
saisons requierent. Soit dont l'Agricole bien instruit dés sa ieunesse,
comme nous auons dit, pour estre prudent & auisé, diligent & soigneux, & que son Seigneur ne luy épargne pas les aydes necessaires au
besoin, de crainte que le temps ne s'enfuye, & la saison se passe ; car les
choses faites à temps sont plus heureusement conduites à nostre intention & desir.

DV IARDINAGE,

LIVRE DEVXIESME.

DV MOYEN D'ELEVER LES ARBRES,

AVGMENTER ET CHANGER LEVRS QVALITEZ.

AVANT-PROPOS.

AISSANTS au Laboureur la culture des campagnes, & le soin des bleds, nous ne luy donnerons icy
autre aduis, sinon de considerer bien curieusement
la nature de ses terres, afin de les accommoder à
cette temperature, necessaire à la generation, faisant son labourage en temps & en saison conuenable, & n'y épargnant les siens. Nostre soin principal soit donc employé aux Iardins; esquels nature
se trouue si pleine de biens, & parée de beautez excellentes, que quand
elle nous a fait monstre, & que mesme nous les regardons attentiuement;
encor ne les pouuons nous entierement connoistre. Les fleurs ne sur-
passent-elles pas nostre intelligence, en leur vertu, de si grand efficace,
qu'elle se fait plus admirer, qu'elle ne se laisse cognoistre? La soüefueté
de leurs odeurs, leurs formes si differentes, leurs couleurs tant variées, &
leur teint si delicat, sont-ce pas toutes merueilles suffisantes pour arrester les plus beaux entendements? Mais qu'est-ce des fleurs, au pris des
fruicts, dont l'abondance est si grande, & la difference tant variée?
L'or & les pierres precieuses, viennent icy des Indes, mais les Indes mesme ne donnent rien de si excellent que les fruicts qui y croissent: les su-
premes saueurs des épiceries tant recherchées, & les douceurs d'infinis
fruicts, dont elles sont renommées, sont bien à priser dauantage que l'or
& les pierreries.

Mais laissons là les fruicts des Indes, iusqu'à ce qu'en ayons de la race,
les nostres suffiront à nostre curiosité, si nous les cultiuons auec intelli-

E ij

gence : amendant ce qui fe trouuera defeſtueux, en eux & augmentant leur bonté, ſi elle vient à diminuer, voire meſme par le meſlange des eſpeces, nous pouuons faire produire des choſes ſi vtiles & gracieuſes, qu'elles ne nous donnerons pas moins de contentement, les voyant venir ſelon noſtre intention, que de delices en les mangeant.

Or auant que venir aux fruiſts, il faut parler des arbres qui les portent ; & pource que nous traitterons premierement de leur nature en general, nous y comprendrons auſſi ceux qui n'en produiſent point, leſquels il eſt bon de connoiſtre, puis qu'ils ſeruent à l'embelliſſement des Iardins. En apres nous declarerons ce qui eſt à obſeruer en les ſemant, plantant, & tranſplantant ; dirons la raiſon des entes, & diuerſes façons d'enter, enſemble le moyen de conſeruer, augmenter, & changer les qualitez aux eſpeces, & garentir les arbres des dangers & inconueniens à quoy ils ſont ſujets.

CHAPITRE PREMIER.

Des Arbres en general.

L ES arbres, comme toutes autres choſes periſſables, ont leurs termes & limites aſſignez, les vns plus longs, les autres plus courts, ſelon qu'il a pleu à la ſouueraine bonté les doüer de force & de durée : ils ont leur naiſſance, accroiſſement, & eſtat parfait, & puis leur declin, vieilleſſe, & aneantiſſement, qui doiuent eſtre conſiderez par nous, quand nous voulons nous ſeruir d'eux, ou que nous voulons leur contribuer du noſtre : car en vn aage ils ſont capables d'vne choſe, & ne le ſont pas en vn autre, leurs eſpeces diuerſes ſont infinies, & chacune eſpece diuerſifiée encores de pluſieurs ſortes (outre que la pluſpart ont maſle & femelle :) ie dy tant des arbres ſauuages, que de ceux qui ont eſté affranchis par la culture, & amelioration qu'ils ont receu. Cecy aduient par l'excellence de la nature, qui eſtant abondante en toutes ſortes de varietez, prend plaiſir en la diuerſité ; & ainſi fait-elle aux animaux. L'artifice ayde encor à cecy, quand changeant de terroir, ou de climat, ou aſſociant vne eſpece auec l'autre, nous voyons des changements en leur nature : voire l'aliment que nous donnons à la terre, la pouuant changer, changera auſſi ce qu'elle produira.

Cecy ſera le ſubtil de noſtre agriculture, & le but de noſtre intention, ſi auec bonne intelligence nous ſçauons appliquer les choſes, aydant la nature, & la guidant au chemin que nous voulons qu'elle tienne : eſtimant qu'elle eſt ſi riche en ſoy, que nous y pouuons choiſir & puiſer toutes les varietez qui peuuent venir en noſtre fantaiſie : Mais quitant les curioſitez ſuperflues, il ſuffira de nous arreſter à oſter les vices & defauts, quand ils fe trouueront aux fruicts, & aux plantes, augmentant leur beauté & bonté, tant en la forme qu'en la faueur, odeur & couleur.

Confiderons donc l'arbre depuis fa naiffance, fon efpece eft contenuë en fa femence, qui eft fon noyau, pepin, ou graine bien petite au pris de fa grandeur, voire cette efpece, qui contient en foy tant de particularitez excellentes, eft contenuë en beaucoup moins d'efpace encor que fa femence : car fon germe vient à pouffer, & former vn arbre qui a racines, tige, & feüilles, lors mefme que la femence de laquelle il eft produit, eft prefque toute entiere. Or venant ce germe à produire, il pouffe fa vertu en deux parts diuerfes, en employant la moitié aux racines, qui prennent leur chemin en bas, & de l'autre moitié, il forme le corps ou tige, les branches & feüilles, efquelles tige & branches, il infufe la vertu de l'efpece, qui s'en va aboutiffant dans les boutons, lefquels font formez pour la production de l'année fuiuante; partie defquels boutons font deftinez pour former les fleurs & fruicts (qui font les bas & premiers) & ceux des bouts par l'accroiffement de l'arbre. Aucuns arbres pouffent les fleurs & fruicts du nouueau iet de l'année, autres de la tige, branches & boutons des années precedentes. De l'autre part, croiffent en mefme temps & mefure les racines, qui au lieu de ietter des feüilles, fuccent la fubftance de la terre, & d'année en année s'augmentans, cette vertu fucçante eft attribuée au jet nouueau, tout ainfi que c'eft le nouueau jet qui eft à l'air, qui produit les feüilles. Ceux donc font bien trompez, qui labourant la terre aux pieds des arbres, grands & vieux, laiffent en friche celle d'autour; car les racines fucçantes s'éloignent à mefure que l'arbre étend fes branches, felon qu'elles trouuent la terre facile à penetrer, & les vieilles & groffes racines ne feruent plus qu'à conduire l'humeur, & à tenir l'arbre ferme contre l'ébranlement de fon poids, & contre l'impetuofité des vents, embraffant de tous coftez, & en fond, le terroir; ainfi l'arbre ayant pris le commencement de fon eftre entre fes racines & fa tige, nous y affignerons le centre de fa vie, puis que de là il diftribuë fa force en deux parts, & en deux effects diuers : chofe tresconfiderable, quand il fera queftion de tranfplanter.

Or felon que l'arbre rencontre en terre, il le fait paroiftre fur terre, car fes racines penetrant facilement en bon & fructueux terroir, trouuant nourriture bien temperée des facultez des elements, il deuiendra gaillard, l'écorce liffe & vnie, le bois poreux & enflé, les branches longues, & les feüilles grandes & larges : comme au contraire fi la terre eft dure, de peu de fubftance, à laquelle il ne puiffe s'attacher fermement, & chercher facilement nourriture, fon bois fera ferré, l'écorce dure & rude, fes branches courtes, & fes feüilles menuës; & s'il rencontre tuf ou argille de mauuaife fubftance dans le fond, il produira de la mouffe au lieu de jet, & en fin l'écorce endurcie à faute de nourriture, preffant le bois, & ne laiffant monter à l'aife la fubftance iufques aux extremitez, les branches commencent à mourir, & puis le corps. Quelquefois les

racines rencontrent vne telle fubftance, que tout d'vn coup elle tuë l'arbre. Auffi de l'autre part quelquefois l'air eft tellement infecté par
les vents, ou plein de broüées, & mauuaifes exhalaifons, que les arbres l'afpirant en ce mauuais eftat en perdent fouuent les fleurs, quelquefois les fruicts tous fournis & gros, ou les feüilles, & quelquefois les
branches, ou l'arbre en meurt entierement. Quelquefois auffi la fechereffe eft fi grande, que la fubftance & nourriture demeurant alterée ne peut monter, & l'écorce fe durcit par la chaleur, les feüilles en
font bruflées ; mefme penetrant la chaleur trop profond en terre, les
racines demeurent alterées, & l'arbre meurt faute d'humidité.

Quelquefois venant l'eau à croiftre plus que de couftume, elle noye
les racines, & les fuffoque quand leur nature n'ayme tant d'eau. La gelée d'vn grand hyuer, fur tout celuy qui vient tard, apres que la féue
a commencé de monter, tuë les arbres, ou du tout, ou partie. Quelquefois vn ver perçant, ou s'engendrant entre le bois & l'écorce, tour-
noyera fuççant la féue, & l'humeur qui monte, d'où il aduient que la
voye eftant empefchée, l'arbre meurt, à faute de nourriture. Plufieurs animaux, chenilles, hannetons, cantarides, fourmis, & autres,
apportent de grandes incommoditez aux arbres, mangeant leurs feüilles & tendre jet, & infectant le refte du bois par leur frequentation.
L'arbre mefme diminue fa vie portant beaucoup de fruict, dautant
qu'en cet effort il employe beaucoup d'efprits, defquels eftant defti-
tué le corps terreftre fe trouue fans vertu & languiffant. Bref les arbres
font pleins de dangers, nonobftant leur force : aufquels le Iardinier doit
auoir l'œil, amendant auec foin & diligence les inconueniens defquels
nous traicterons à part.

CHAPITRE II.

Des pepinieres.

ILy a des arbres qui ne viennent que de femence,
d'autres iettent du pied, & de leurs racines, d'autres
fe prouignent, d'autres viennent de bouture, lefquelles diuerfitez, nous n'oublierons, parlant des
efpeces qui multiplient en telles manieres, & en
monftrerons auffi la façon cy-apres.

Maintenant nous dirons, que la pepiniere doit
eftre mife en grand air, en terre bien cultiuée de
labourage profond, & de long temps continuée ; afin que les ieunes &
tendres racines ayent facile accez, & que la terre n'ayant produit de
ce long temps, prenne plaifir aux femences qui luy feront données :
mais il n'eft pas befoin qu'elle foit des plus abondantes en fubftance,

afin que les arbres en trouuent vne meilleure, quand ils seront changez de place : car s'il auenoit autrement, ils ne deuiendroient de long
temps beaux & vigoureux apres auoir esté transplantez. Or si nous
voulons auoir des arbres par le moyen des semences, il sera bon d'en
faire choix & distinction de leurs qualitez, afin que quand nous voudrons nous en seruir, & les mettre en la place où ils deuront demeurer,
pour nous donner plaisir, & profit, que nous sçachions dequoy, &
quels ils doiuent estre : ou bien quand nous les voudrons enter, que nous
ayons égard à ce qu'ils sont, pour y employer des greffes qui conuiennent à leur nature, & à nostre intention : car encore que le greffe forme
l'espece, le tronc ne laisse pas de contribuer de la sienne, puis que toute
la nourriture est premierement attirée & recueillie par luy, voire digerée en partie, & renduë propre à son espece.

Choisissons donc les pepins des meilleures pommes, & des meilleures Poires, aussi bien que les noyaux des meilleures Prunes, Pesches, &
Abricots, & les mettons à part selon leurs qualitez, separant les rouges
d'auec les blanches & rousses, les grosses d'auec les petites, les dures d'a-
uec les molles, les plus humides d'auec celles qui ne sont pas tant, les
douces d'auec les aigres, & ainsi de toutes, afin d'en faire élection quand
nous en aurons besoin, ou selon ce à quoy nous les voudrons employer,
car nous y trouuerons des differences bien grandes, & des choses gentilles en prouiendront. Les pepins donc soient semez au commencement du Printemps, en la Lune vieille, en beau temps, par lignes ou
rayons : ils naistront plustost, si deuant les semer ils ont esté moüillez
& tenus ensemble vn pouce ou deux d'époisseur, iusqu'à ce qu'ils
commencent à germer, s'échauffant l'vn l'autre ; & quand ils seront
naiz, qu'ils soient bien entretenus de sarclure, afin d'empescher les
autres herbes de venir manger leur nourriture, ou les suffoquer : apres
qu'ils ont vn an ou deux, les faut transplanter, les disposant en ordre, & leur donnant espace pour croistre & grossir. Quand les arbres à
pepin seront auancez en aage, s'ils montent haut, il sera bon de les couper à vn pied de terre, pour les faire renforcer, & grossir, ils s'accommoderont à cela, & ne le trouueront si estrange quand vous viendrez à
les couper bas pour les enter, comme nous dirons qu'il en est besoin. Si
vous auez lieu pour les mettre à demeurer, il vaudra mieux les transplanter sauuages, que les hazarder & rendre malades apres auoir esté
entez. Ie les appelle sauuages, dautant qu'ils en tiennent, bien qu'ils
fussent prouenus d'vn fruict franc, & qu'ils contiennent l'espece ; mais
plus defectueuse que quand ils auront esté entez, & nous en donnerons
la raison parlant des entes. Dauantage si vous semez les pepins, ou
noyaux du fruict d'vn arbre qui auroit esté enté sur vn sauuageon, le
fruict qui prouiendra de telle semence, tiendra du sauuageon en partie,
& en partie du franc (gardant l'espece du greffe duquel estoit prouenu
le pepin) dautant que le pepin ou noyau qui est produit pour continuer

l'espece, participe dauantage de toutes les parties de l'arbre, que ne fait
le reste du fruict, duquel la nature est changée par le greffe: ainsi que
i'ay veu vn pepin de pomme de Caluille, laquelle est rouge dedans &
dehors, produire vn arbre qui a porté fruict deuant qu'estre enté ny
transplanté, son fruict estoit de la forme de la Caluille, long, fait à douues,
& froncé par la teste, mais blanc dedans & dehors, ayant seulement peu
de tacheteures rouges sur sa peau luisante, son goust, son odeur, & la
nature de sa chair tenoit en partie de la Caluille, & en partie de la Renette, qui est pomme blanche, estant ce meslange prouenu de la pomme
de Caluille entée sur vn pommier de Renette, le pepin de laquelle rete-
noit des qualitez des deux. I'ay encore veu vn noyau de Pauie, qui
est iaune, le noyau rouge, produire vn arbre qui porta sans estre enté en
sa troisiesme & quatriesme année, son fruict blanc dedans & dehors;
puis il le porta les années suiuantes iaune & rouge vray Pauie, telle
diuersité prouenant d'vn Pauie enté sur vn Persique blanc, le noyau
planté ayant retenu les deux natures, qu'il fit paroistre separées, ayant
produit le premier fruict moindre en sa foiblesse & premieres années,
de la nature du tronc, & estant venu plus fort & aagé, le fit de la nature du greffe, plus ferme de goust & de couleur.

Pour le regard de semer les noyaux, il y a des hommes si soigneux,
qu'ils ont pris garde en quel sens ils les mettoient en terre, pour donner lieu au germe de sortir plus commodement, & auec moins d'empeschement: mais puis qu'il est impossible de connoistre quel costé fera la racine, & quel la tige; il suffira par toute diligence qu'y pouuons
apporter, de les poser en terre deux pouces profond, leur longueur estant
couchée à plat, que si en auez d'excellent fruict, que ne vouliez hazarder dans terre aux taupes & mulots, & autres accidents, il les faut
mettre dans vn grand pot qu'il faut bien couurir, & l'enterrer enuiron deux pieds dans terre, ou faire vne fosse de la mesme profondeur,
le fonds de laquelle & les costez garnirez de tuilles, afin que les taupes
& mulots n'y puissent aller, & mettrez vos noyaux dedans, que re-
couurirez soigneusement auec des tuilles, & de la terre par dessus, &
les laisserez là durant l'hyuer, lequel passé découurirez vostre cache, &
trouuerez germez tous les noyaux qui seront bons, lesquels planterez au lieu où voulez qu'ils demeurent; ils naistront plustost si l'os estant
cassé, vous plantez le noyau sans auoir esté offensé, ou l'ayant fait ouurir, par la chaleur du fient moite. Ainsi des Noix & Amendes, mais
ceux-cy demandent estre mis au lieu, où vous desirez l'arbre pour
tousiours, car ils craignent le transplanter sur tous autres: Et de fait,
si vous prenez vn Noyer en l'aage de six ans, & au mesme iour le transplanter, vous plantez vne Noix proche de luy, douze ans apres le
Noyer venu de la Noix sera plus grand que l'autre, bien qu'il ait vn
tiers moins d'aage. Aucuns pour les rendre plus faciles au transplanter, plantant la Noix, ont mis vne pierre platte dessous, afin que sa

racine

racine qui entre droit & profond en terre soit diuertie, & que par
ce moyen l'arbre soit plus aisé à arracher : mais cela n'empesche la maladie qu'il en reçoit, & vaut mieux faire comme ie dy. Les Chastagnes
& les glands sont semez à pareille profondeur, & viennent fort bien
en terre apprestée. Pour tant de sortes d'autres arbres, qui viennent de semence, comme Orangers, Lauriers, Ciprez, Meuriers,
Platanes, & autres, nous dirons la maniere qu'il y faut garder, si da-
uenture nous parlons de la nature de chacun d'eux en particulier,
puis qu'il en faut vser diuersement, & que nous auons à en dire d'autres choses.

CHAPITRE III.

De diuerses façons d'affier les arbres.

VTRE la semence par laquelle la plus part des arbres continuent leur espece, & se multiplient, il
y en a qui le font encor par autre voye, poussant
du pied & des racines, des iettons qu'ils nourrissent, iusques à ce qu'ils soient aussi pourueus de
racines, lesquels estant forts on leue & transplan-
te ; d'autres se prouignent eux-mesmes ; tombant
en terre par leur foiblesse, & y font de nouuelles
racines : Nature montrant par iceux aux hommes,
vne voye bien asseurée & prompte, d'affier les arbres, sans rien perdre de leurs qualitez. Nous ferons donc les prouins, couchant vne
ou plusieurs branches d'arbres en terre, sans les couper de la souche,
d'où elles prennent nourriture, iusques à ce qu'ayant ietté des racines
elles se nourrissent elles mesmes : car la branche couchée en terre, sen- *Prouins.*
tant cette vertu generante, dont elle est entourée, qui la chatoüille &
époinçonne, cherche d'entrer en elle, afin que par son moyen elle voye
l'air, & fructifie selon sa nature qui tend perpetuellement à la production & generation : & trouuant aliment pour sa nourriture plus proche, & commode, que d'en attendre des vieilles, & longues racines
de sa souche, se prepare à la receuoir, forme de racines propre à la succer,
& lors elle se preuaut d'elle-mesme, & n'a plus besoin de la nourriture
du vieil tronc. Or si mettant la branche en terre, vous la tordez, ou-
urez, ou fendez, vous rendez par ce moyen la plante plus sensible
à la nourriture de la terre, & à la nourriture plus facile accez en la plante, & à la plante encor plus de facilité à produire des racines : lesquelles estant venuës dés la seconde ou troisiesme année vous ostez
le prouin, l'arrachant & le coupant du corps de sa souche, où il tient

F

encor; puis vous la tranſplantez en la maniere que nous dirons de tous
autres arbres.

Ou bien ſi l'arbre duquel voulez tirer la race auoit les branches
ſi hautes, qu'elles ne peuſſent eſtre couchées en terre, vous éle-
uerez des vaiſſeaux pleins de terre, au trauers deſquels ferez paſſer les branches, preparées comme nous auons dit, ou ſeulement
mettant le bout de la branche en terre, il prend racine, & reiette en
arriere.

Il y a des arbres ſi propres à receuoir nourriture, & qui ont tel
appetit, qu'en quelque façon qu'ils ſoient mis en terre ils ne nourriſ-
ſent, eſtans prompts à pouſſer des racines, ſpecialement les aquatiques, deſquels ſi vous prenez vne branche groſſe comme le bras, ou la
iambe, & la faiſant pointuë, pour donner plus de faces à la coupe de
l'écorce, & la mettez en terre, vn pied & demy profond, elle ſe nour-
riſt, iette des racines, & ſe fait arbre : mais prenez garde de ne luy laiſſer
la tige trop longue, car elle ne pourroit tant ſuccer, qu'il ſeroit beſoin
de nourriture.

Pluſieurs arbres, arbriſſeaux, & ſoubs-arbriſſeaux, viennent auſſi
facilement, leurs menuës branches eſtans ſeulement miſes en terre
auec la fiche, ou en rayon, ſans que de mille il en meure vn, & cette façon eſt dite bouture : les branches plus proches de la terre ſont les plus
propres à cette maniere.

D'autres ſont plantez de marcottes, branches du dernier iet, accompagné de bien peu de vieux bois, lequel apres auoir coupé fort rond il
le faut fendre & ouurir auec vne petite pierre, grain d'auoine, ou féue,
le poſer en terre, poſé en demy cercle, & laiſſer quatre doigts de la branche à l'air pour pouſſer ſon iet.

Toutes leſquelles façons de planter ſe doiuent faire aux æquinoxes,
à la fin de l'Eſté, & à la fin de l'Hyuer, en coupant les branches en vieille
Lune, & les plantant en la nouuelle dés les premiers iours, ainſi que nous
dirons au Chapitre ſuiuant.

(marginalia: Bille.)

(marginalia: Bouture.)

(marginalia: Marcottes.)

CHAPITRE IV.

De tranſplanter les arbres.

OVs auons parlé de la naiſſance des arbres, & moyens de planter, maintenant nous dirons ce qui nous ſemble de les tranſplanter, ſoit que pour noſtre plaiſir & commodité nous en voulions mettre aux lieux où il n'y en a point, ou que pour la commodité des arbres, nous les voulions changer de terre. Nous deuons ſçauoir que l'a₃bre ne peut eſtre arraché, qu'il ne ſoit en danger de mourir, ou que pour le moins, il n'en acquiere vne grande maladie; car en l'arrachant vous luy oſtez toutes les extremitez de ſes racines, qui ſont foibles & tendres, auec leſquelles il ſouloit prendre nourriture; voire vous luy coupez la pluſpart des groſſes, qui l'affermiſſoient en terre contre l'ébranlement des vents, & autres heurts, que les arbres craignent, eſtant cet affermiſſement & repos qu'ils prennent en terre, le moyen & ſeureté de leur vie.

Ayant donc la plus part de ces racines coupées, il faut par neceſſité luy couper les branches, le poids deſquelles, & leur ébranlement ne lairroient ſon pied ferme ny en repos. Mais il y a plus, dequoy les nourriroit il, puis que tous les moyens que nature luy donne pour ſe nourrir, luy ſont oſtez : Car, comme i'ay dit cy-deuant, l'arbre n'a en proportion moins de racines pour ſuccer nourriture, qu'il a de branches à la diſtribuer, employant dés ſa naiſſance, la moitié de ſa puiſſance à former ſes racines, pour auoir dequoy nourrir ſa tige & branches. Si donc nous voulions ſuiure la Nature, qui eſt ſi ſage, & ſi grande maiſtreſſe, nous ne lairrions à l'arbre, en les tranſplantant, plus de tige, ny de branches que ſeroient longues ſes racines : Regardant le lieu d'où il depart ſa vertu en deux, moitié vers terre, & moitié à l'air. Or ce point du milieu doit eſtre mis trois pouces profond en terre, ſelon que nature a poſé là ſon commencement : Que ſi vous le mettez plus profond, ne s'aydant des vieilles racines, il en pouſſera de nouuelles de ſa tige plus proche de la ſurface de la terre, & laiſra mourir les autres, qui luy cauſeront vne autre maladie par leur pourriture. Il faut auſſi regarder ſon aage, & ſelon iceluy ſe gouuerner, car depuis qu'il ſera paruenu à perfection, il n'eſt plus temps de le tranſplanter; s'il eſt fort ieune il n'a pas tant de force pour ſupporter l'incommodité & maladie, que s'il eſt auancé en aage. Si donc vous eſtes libre de le choiſir, il le faut prendre en croiſſance, fort & vigoureux, de belle venuë, bien appuyé ſur ſes racines de tous coſtez, ne luy laiſſant, encores qu'il ſoit gros de trois ou quatre pouces de diametre, plus de huiɛt à neuf pieds de

tige : s'il a deux pouces de groffeur, fix à fept pieds de haut fuffiront, s'il
n'a qu'vn pouce de groffeur, trois pieds tout au plus, & s'il a moins, vous
deuez toufiours diminuer fa hauteur, afin de ne luy donner plus à nourrir qu'il n'auroit de force pour fuccer, dautant que nature n'ayme à
manquer à fes parties, & demande honnefte abondance. Il importe
grandement de prendre l'arbre en lieu bien aëré pour le remettre en
grand air, & en terre plus aride, & plus dure, que celle où vous voulez
le mettre : laquelle doit eftre appreftée long-temps deuant, vn an s'il
eft poffible, & plus, afin que la malice & intemperie qui eft au fecond
lit de terre (dans lequel il faut creufer) foit rabillée par l'air, par les
pluyes, & long Soleil, voire les gelées & la neige y ayderont. Si vous
n'auez qu'vn arbre à planter, faites luy vne foffe large & profonde : fi vous
en voulez planter plufieurs en mefme ligne, qui foient forts, quand bien
vous les mettrez à douze, quinze, au dix-huiĉt pieds loing l'vn de l'autre, il fera bon de faire vn foffé continué pour tous, qui foit large &
profond, felon la qualité des arbres & de la terre, eftant neceffaire de
faire la rigolle plus grande en mauuaife terre qu'en la bonne, & le plus
long-temps que le pourrez faire deuant que planter fera le meilleur,
la terre que tirerez du foffé fera amendée par la frequentation des autres elements, fon fonds fera euaporé, & les racines des arbres trouueront à perpetuité cette terre reuirée plus facile à penetrer, cherchant
dedans leur nourriture. Faifant cette foffe, ou rigolle, faut feparer la
terre qui en fera tirée, mettant celle de la furface d'vn cofté, qui eft la
meilleure, pour la mettre deffous & deffus les racines de l'arbre, & l'autre acheuera de remplir la foffe : La raifon que nous auons de confeiller
à tous ceux qui veulent planter comme il faut, de faire des foffes ou rigolles, & non des trous, comme la plus part font, bien qu'il coufte vn
peu dauantage, ce femble d'abord, eft que les racines des arbres plantez dans des trous, s'ils ne font fort grands, trouuent incontinent la terre dure & ferme, qu'elles n'ont la force de percer pour prendre leur
nourriture, ce qui les fait languir & auorter, & à la fin mourir : cela n'arriue à ceux qui font plantez au milieu de la rigolle, par ce que trouuant
la terre mouuée de cofté & d'autre, les racines la fuiuent, & y prenant
leur nourriture à plaifir ils pouffent vn beau iet, trouuant plus de terre
mouuée le long de la rigolle, que les racines n'en peuuent occuper de
long-temps, ce qui les empefche d'aller chercher les coftez.

   Il n'eft pas bon de planter en toutes faifons, car celles de l'Efté & de
l'Hyuer ne font pas propres, à caufe du chaud & du froid exceffifs : les premiers iours du Printemps, & les premiers iours de l'Automne font les
meilleurs, pour la bonne temperature de l'air, qu'en ces temps, la nature
trauaille auec diligence, au Printemps pour pouffer, & en l'Automne
pour fe refaire & approuifionner, par vne féue qui fe fait lors, & qui eft
amortie par le froid qui furuient pluftoft en l'air qu'en terre. Les premiers
iours de l'Automne font propres à tranfplanter, car les playes que vous

aurez fait à l'arbre, tant aux racines qu'aux branches, seront incontinent consolidées par cette séue, & le temps doux qui y est commode.
L'arbre qui se trouuera estropié de tous costez, iettera premierement
des racines, (trouuant plus de temperature en terre, qu'en l'air) afin
de se pouruoir de nourriture en saison, & s'affermir sur son pied: l'Esté &
l'Hyuer, la nature est arrestée par l'intemperie, & l'arbre demeurant
long-temps sans rien faire, n'ayant assez de force contre les rigueurs de
ces saisons : Mais le Printemps sera encor plus propre au transplanter,
dautant que l'arbre ayant demeuré l'Hyuer en sa terre naturelle se sera
approuisionné de nourriture pour ietter au Printemps, comme il souloit, & si tost qu'il sera remis en terre commencera à bien faire. Mais
aussi il y aura danger des chaleurs & hale du Printemps, ausquels il
faudra pouruoir par arrosement abondant, comme nous dirons.
D'ailleurs l'estat de la Lune doit estre aussi consideré, car il n'est pas
raisonnable de leuer l'arbre hors de terre, luy couper les branches,
& les racines, durant qu'il est plein d'humeur, ce qui se trouue au plein
de la Lune, cette humeur & nourriture s'éuapore à l'air, par les playes
qu'il a receuës, & par les racines, qui ont accoustumé d'estre couuertes, & enuironnées de terre, & le grand air les éuente; mesmes quand
vn vent de Midy, ou autre relaschant, laisse les pores ouuerts, & ame-
ne des humiditez & pluyes : la nature se fasche de cette perte de substance, qui est son tresor, & vaut mieux la prendre en estant moins
pourueuë, & en appetit de s'en pouruoir, afin qu'incontinent elle trauaille à cela quand vous luy en aurez donné le temps & le loisir.

Vous prendrez donc garde à la fin de l'Hyuer, & à la fin de l'Esté,
quand le grand chaud & le grand froid sont passez, qui est enuiron la
my-Septembre & Octobre, ou Feurier & Mars, selon les climats,
auisant l'estat de la Lune aux trois ou quatre iours de sa vieillesse, sou-
flant vn vent Septentrionnal qui rende l'air beau & net, & resserre les
pores : vous arracherez vos arbres le plus soigneusement que pourrez,
coupant plustost les racines auec la serpe tranchante, que de les meurtrir auec le hoyau, laissez les d'vn pied de long, plus ou moins, selon
l'aage & grosseur de l'arbre, transportez les tandis que la Lune renou-
uelle, & des son premier, ou prochain iour, les ayant bien emondez, &
rafraichy le bout des racines, & coupé celles qui se trouueront rom-
puës ou froissées, plantez les bien droicts, & à plomb, au milieu de
vostre rigolle, mettant au fond d'icelle de la terre à suffisance, afin que
l'arbre ne se trouue enterré plus profond de deux pouces, qu'il n'a-
uoit accoustumé, ne gueres moins aussi, remplissant tout le vuide
en le secoüant, & prenant bien garde qu'il ne demeure de l'air entre les racines qui leur apporte vne moisisseure qui les fait mourir, vous
foulerez la terre dessus les racines affermissant l'arbre, & le couurant
bien, ne luy laissant plus de six pieds de tige hors de terre. Il se pourra
faire, n'ayant que peu d'arbres à transmuer de places proches l'vne de

l'autre, que vous épargnerez à l'arbre, racines & branches , faisant de
cette façon, durant l'Hyuer, & peu de iours deuant qu'il gele ſerré, faites quatre tranchées autour du pied de l'arbre que voudrez tranſpor-
ter, qui s'aboutiſſent l'vne à l'autre, & autant éloignées du pied, que iu-
gerez s'étendre ſes racines, qui ſera peu moins que ſes branches , enuironnez ce carré auec des ſoleaux, ou forts ais, enclauez l'vn dans l'autre, où ils ſe rencontreront aux angles du carré ; puis quand la forte gelée ſera venuë, & que la terre ſe tiendra ferme comme vne pierre, ca-
uez par deſſous les racines de l'arbre, departant tout le carré d'auec le
reſte de la terre, puis auec cabeſtans, & engins à leuer fardeaux, tirez
voſtre arbre hors de la tranchée, auec ſa terre contenuë entre les ais,
poſez le ſur des rouleaux, & le pouſſez vers la foſſe qu'aurez appreſtée
pour loger ce carré de terre, & auec le cabeſtan, poſez le dans la foſſe,
en l'allignement qu'aurez proietté : oſtez les ais & rempliſſez le vuide,
vous deuez croire que l'arbre ne ſe reſſentira pas du changement, ſi vous
le poſez au meſme aſpeĉt qu'il ſouloit eſtre.

    Les arbres ont fort bonne grace eſtans plantez à la ligne par diſtan-
ces égales : ou quand s'accommodant à leurs formes particulieres, ſelon leurs eſpeces, vous les entremeſlez, variant les diſtances, auec la qualité de chacun, pourueu que cela ſe faſſe par bon ordre, & auec raiſon,
obſeruant bonne ſymmetrie & correſpondance. Mais ie ne puis ap-
prouuer l'ordre quincunx preſſé, ou par allées en tous ſens, pour les
arbres fruiĉtiers, ores qu'ils ſoient tant vſitez, dautant que les arbres
n'ayans l'air libre que par la ſommité montent haut, laiſſant le bas de
leurs branches dégarnies, la ſubſtance a puis apres trop de chemin à
faire, & l'air eſt reclus ſoubs eux, qui s'enuironnans l'vn l'autre, s'empeſchent auſſi le Soleil, qui les regarde obliquement, empeſchent principalement ſes rayons d'échauffer la terre; & la pluye ne l'arroſe en ſa
cheutre ſi excellente pour tel effet, car l'vn & l'autre ſont arreſtez ſur la
ſommité des arbres, où ils n'en ont tant de beſoin qu'aux racines, ny
que la terre, à qui on ne peut laiſſer prendre trop ſouuent le Soleil & la
pluye, pourueu que l'vn n'excede la force de l'autre. Cette erreur
commune ſe prouuera, en ce que la terre qui eſt ſoubs ces arbres, ne
produit rien de ce que l'on y ſeme, qui vienne à perfeĉtion, & cela fait
que le Iardinier dédaigne de la labourer, ce qui l'empire encores. On
voit auſſi que les arbres eſtans venus grands, & occupans tout l'eſpace,
ne portent non plus de fruiĉt que la terre. Au contraire, voyez les
arbres plantez chacun à part en grand air, vous les trouuerez bien formez, bien fournis, & portans fruiĉts de tous coſtez. Meſmes ceux qui
ſont plantez en vne ſeule ligne, ou deux, éloignées, bien qu'aſſez prés
les vns des autres, ont pour le moins d'vn ou de deux coſtez, l'air libre,
auſſi s'étendent-ils de ce coſté-là, & y portent plus de fruiĉt. Les grands
eſpaces de terre qui ſont laiſſez entre les lignes ſeruent à porter les legumes, herbes potageres, ou autres choſes, eſtans pour cet effect la-

bourez, & ameliorez, cela feruira auffi pour la nourriture des arbres qui
fçauront bien eftendre leurs racines du cofté qu'ils trouueront la terre
mieux appreftée.

Nous mettrons auffi quelque difference en la profondeur que doit
eftre l'arbre remis en terre felon la qualité d'icelle, car la terre legere
& détachée fera plus facilément penetrée & deffeichée par les rayons
du Soleil, que ne fera la terre graffe, & fi ce que nous appellons terre
forte en cette terre legere nous poferons l'arbre vn peu plus profond,
mais non plus d'vn pouce ou deux, car l'arbre prend fa nourriture
proche de la furface de la terre, & y forme de nouuelles racines, s'il eft
tranfplanté trop profond, comme nous auons dit. Pour euiter l'inconuenient qui arriueroit par la feichereffe à noftre nouueau plant, il fera
bon de couurir la terre autour du pied de l'arbre, auec paille, chaume,
ou feugere, pour conferuer en icelle l'humidité, & empefcher la trop
grande ardeur du Soleil, qui penetreroit facilement le peu d'époiffeur
de terre qui couure les racines; cette legere couuerture n'empefchant
point la pluye de penetrer, voire fi l'on eftoit contraint d'arrofer elle em-
pefchera l'affaiffement qui fe fait à la cheute de l'eau verfée en abondance, & oftera le befoin d'arrofer fouuent.

Or de ce que i'ay dit de tranfplanter des arbres en general doit eftre
obferué generalement, en toutes fortes d'arbres, arbriffeaux, & foubs
arbriffeaux, foit les plantant à part, ou en faifant bordures, hayes d'appuy, ou de defenfe, palliffades, efpalliers, cabinets, ou bouquets : car
faifant ainfi vous auancerez le temps & la befogne, trauaillerez feurement, & ne vous tromperez point. Comme font ceux qui fans couper
les branches, & fans regarder les faifons, ny l'eftat de la Lune, ny des
vents, plantent les arbres tous entiers, difent-ils, fans confiderer qu'on
leur a ofté les principaux membres, qu'on ne leur peut laiffer en les arrachant, fans fçauoir auffi quand ils furent arrachez, ny quel terroir ils
auoient accouftumé.

CHAPITRE V.

Des Entes.

'INVENTION d'enter les arbres, & les affocier enfemble, a efté heureufement trouuée par les Anciens; car outre l'augmentation de beauté & bonté, qu'elle apporte aux arbres & aux fruicts, la facilité qu'elle donne, de recouurer les efpeces que nous n'auons point, eft de commodité infinie : ainfi qu'ont bien apperceu ceux qui auec diligence ont depuis cherché tant de façons diuerfes d'enter que nous auons à prefent, pour en poůuoir vfer en diuerfes faifons, felon la commodité de pouuoir recouurer les greffes, & felon la qualité de leurs arbres. Toutes lefquelles façons diuerfes dépendent d'vn feul fecret, qui eft de pofer les écorces des deux adioints, en telle forte que la féue montant aille de l'vn à l'autre.

Or comme i'ay dit, parlant des arbres en general, l'efpece auec toutes les qualitez eftant portée iufques aux extremitez, aboutit en vn point dans les boutons, où elle eft auffi parfaitement contenuë, qu'elle eft dans la femence, ou dans tout l'arbre : chofe non moins émeruueillable, que de la puiffance du germe qui eft en la femence. De façon qu'il nous fuffit d'auoir vn feul de ces petits boutons, pour tirer l'efpece entiere d'vn arbre, lequel nous pouuons pofer fur vn autre arbre, d'autre efpece ou femblable, & le contraignant à pouffer toute fa force vegetante, par ce petit détroit eftranger, il en emprunte la vertu, qu'il va multipliant en fa croiffance, auffi abondamment qu'il euft fait la fienne propre; voire beaucoup dauantage. Car les deux adioints venant à fe conioindre par l'humeur glutineufe de la féue, il fe fait vn calus, qui ayant les porofitez moins élargies, la fubftance fe rarefie en paffant, & montent les efprits plus fubtils, qui faifant le iet nouueau y portent moins du terreftre. Ainfi voyons nous qu'vn arbre enté, quand mefmes ce feroit de fes propres branches, aura le bois, l'écorce, les feüilles, & le fruict plus poreux & acre qu'il n'auoit parauant. Et cette confideration n'eft pas petite au fait des entes, car mefmes les arbres qui ne portent point de fruict, eftans entez en deuiendront plus beaux, & poufferont auec plus de diligence, la dureté du terreftre eftant diminuée. Dauantage par l'enture, non feulement le mélange des efpeces fe fait, d'où il prouient des nouueautez plaifantes, & gratieufes, & des ameliorations exquifes; mais auffi il fe fait des chofes monftreufes contre nature, bien qu'elle mefme les faffe : n'eft-ce pas chofe eftrange, que deux boutons foient pofez l'vn fur l'autre en entant en écuffon, ils prendront tous deux fi le deffus eft plus long & large que le deffous, & poufferont vne mefme

branche,

branche, dont le fruict qui en prouiendra fera double, reueftu l'vn dans
l'autre, plufieurs autres chofes gentilles fe feront en entant; dont nous
parlerons à temps.

CHAPITRE VI.

Des diuerfes façons d'enter, & des obferuations qu'il y conuient faire.

N ente l'arbre en fente, quand luy coupant nette- *En fente.*
ment le corps s'il eft ieune, ou s'il eft arbre fait, les
branches, vous fendez le tronc, & pofez en la fente
de l'vn, ou des deux coftez, vne branche de l'autre arbre que voulez affier, qui eft le greffe, coupé
en coin felon la forme de la fente, de laquelle, pour
ne la faire trop grande, vous oftez vn peu de bois,
à proportion du greffe, qui par ce moyen en demeure plus fort, pofant les feues vis à vis l'vne de
l'autre, & fe touchant, vous bouchez auec terre graffe, ou auec poix
refine fonduë auec peu d'autre poix, graiffe, & cire, toute l'adionction
en forme de poupée : empefchant que l'air & la pluye n'y entrent. Le
greffe doit eftre pris de la fommité de l'arbre du cofté d'Orient, du plus
vigoureux bois, coupé en vieille Lune : Il fera enté en nouuelle Lune,
fouflant vn vent Septentrional, qui rende l'air beau & net; la meilleure faifon eft au Printemps au renouueau de Lune, plus prochain de la
feue, & deuant qu'elle monte; les raifons de cecy, font celles que i'ay
données au tranfplanter, parlant de la Lune, & du vent : car par ce
moyen, le greffe vuide de fubftance s'éuente moins, & eft plus apte à le
receuoir, quand bien toft elle viendra, voire ayant efté gardé le greffe d'v-
ne Lune à l'autre, il en prendra mieux eftant en plus grand appetit. Les
greffes font pris ordinairement du dernier iet accompagné du precedét:
mais quand ce fera pour mettre fur des forts arbres, ils fe peuuent prendre
de branches plus vieilles & groffes : & bien que ce foit contre la couftume, faites le ainfi auec beaucoup de raifon, & fur l'experience que i'en
ay faite : car comme i'ay dit du tranfplanter des arbres, les forts refiftent
mieux au mal, que les foibles : outre que la fubftance en tel greffe eft
plus digefte, & plus apreftée à porter fruict. Refte d'auifer qu'il y ait des
boutons, qui ont accouftumé de s'effacer au vieux bois, mais fans iceux
nature en formeroit pour fortir. Les greffes cueillis en vieille Lune, dé-
uant la faifon d'enter, la coupe eftant mife en terre graffe, de crainte
qu'ils ne s'éuentent, peuuent eftre gardez deux ou trois mois, s'il eft befoin, pour les recouurer des Contrées loingtaines.

Toutes fortes d'arbres fupportent cette façon d'enter, qui eft la meilleure, & entre autres ceux des fruicts à pepin en viennent beaux, & de
ceux à noyau, le Prunier & le Cerifier; entre lefquels nous ferons diffe-

G

rence, entant ceux-cy haut, & les autres bas, quand ils sont ieunes arbres. Le sauuageon du fruiçt à pepin a le bois dur, noüeux, espineux, de
mauuaise venuë, l'escorce rude, le suc aspre, & de mauuais goust : le
franc au contraire a l'escorce vnie, le bois enflé, & de belle venuë, & de
bon suc, qui fera que nous enterons ces arbres prés de terre, pour leur
laisser peu de bois & de substance sauuage, & afin que le franc prenant dés
le pied, fasse vne belle tige. Le sauuage Prunier, & Cerisier au contraire
a le bois droiçt, de belle venuë, l'escorce vnie, & le suc doucereux : le
franc a le bois trop acre & foible, & l'escorce rude, qui fera que pour
auoir les arbres beaux, nous les enterons haut autant que portera la qualité de l'arbre.

Vne autre façon d'enter, approche de cette-cy, quand au lieu de fendre le tronc, vous posez les greffes couppez en coin, entre le bois & l'escorce en forme de couronne, & cette-cy est pour les gros arbres
malaisez à fendre, vne tres-bonne façon de proceder : car tout ainsi que
de l'autre, la reprise se fait sous la poupée, ne se faisant des deux adioints
qu'vn mesme corps.

Vne autre est dite en approche, qui est quand de deux arbres proches
l'vn de l'autre, vous prenez la branche de celuy que voulez affier, & la
passant par dedans l'autre, sans la coupper, vous incisez l'escorce afin de
ioindre les deux seues.

Vne autre est dite en oreille de lieure, quand les deux adioints d'vne
mesme grosseur sont coupez biaisant, comme le ferrement d'vn Menui-
sier, nommé bec d'asne, & appropriez l'vn auec l'autre, que les seues se
ioignent par tout, vous les liez auec chanure ou laine, & couurez auec
terre grasse au mesme temps & saison que les autres façons susdites.

D'autres façons d'enter sont faites l'Esté, bonnes & bien vsitées, la plus
facile & vtile est de bouton, quand le leuant du iet noüueau, en forme
d'escusson, vous l'appliquez entre le bois & l'escorce de l'arbre que vous
entez, soit en vieux ou ieune bois, liant auec chanure l'escorce fenduë
par dessus l'escusson, laissant le bouton libre, ayant pris garde de le leuer
si bien, que le bouton & son germe soient entiers : voire leuant vn peu
de bois auec l'escusson, il en vaut mieux. Cette façon d'enter est commode & admirable, comme i'ay dit, pouuant vous en seruir en toutes
especes d'arbres, arbrisseaux, & soubs-arbrisseaux, depuis qu'ils ont vn
an iusques en leur vieillesse : estant ieune vous posez l'escusson sur le
corps, & estant vieux vous luy coupez les branches, & ayant ietté au
Printemps, vous posez les escussons sur le jet noüueau, luy ostant les
sommitez & le superflu, & tous les boutons. Tel procedé sert, non
seulement à changer l'espece, mais quand vn arbre ne portera fruiçt, ou
aura les branches rabougries, vous aurez plaisir en cette pratique : car
l'arbre portera fruiçt dés l'année suiuante, si dés le mois de Iuin vous
l'entez : & de cette façon pourrez mettre sur vn arbre tres grand nombre d'escussons qui seront employez à propos aux Abricotiers, & Pes-

chers, foit que les entiez l'vn fur l'autre, ou fur Pruniers, ou Amandiers.

On ente aufſi de cette façon vers la fin de l'Efté, durant la féue, fans rien couper de l'arbre iufques au Printemps prochain, voyant l'efcuffon pris : & lors luy oftant tout autre moyen de poufſer, il fait durant tout l'Efté vn grand jet, qui a plus de force pour refifter au froid de l'Hyuer fuiuant, que n'euft eu celuy qui auroit efté enté au mois de Iuin, qui n'euft peu poufſer qu'vn bien petit jet auant l'Hyuer. *En œil dormant.*

Vne autre façon eft en fluteau, quand ayant les deux adioints du jet nouueau, de pareille groſſeur, vous leuez le bouton auec le rond de l'efcorce, & appliquez fur l'autre, defpoüillé le faifant entrer par le bout, iufques à ce qu'ayez atteint la mefme groſſeur. *En fluteau.*

Cette façon eft vtile aux Chaftaigners, gros arbres, leur coupant les branches pour auoir nouueau jet, & neantmoins vallent mieux entez en fente, fur le corps quand ils font ieunes, ou eftant vieux, fur les branches, de jet de trois ou quatre années, ainfi que tous autres arbres. Vne autre façon d'enter en bouton eft excellente, emportant la piece de l'efcorce du tronc de la mefme grandeur de celle où eft le bouton que voulez enter, laquelle vous pofez iuftement fur le tronc en la place de l'autre, liant auec chanure ou laine. L'outil propre à cette façon d'enter doit auoir deux tranchans, vn qui porte la hauteur, & l'autre la largeur, afin de faire les pieces égales plus facilement.

CHAPITRE VII.

Du moyen de conferuer, augmenter, & changer les qualitez aux efpeces.

Ovs auons defiré qu'en femant les pepins, & noyaux, on en faffe diftinction, felon leurs qualitez, afin que l'arbre eftant venu, on l'employe à ce à quoy il fera propre, ou qu'on employe en luy quand on l'entera, des greffes qui conuiennent à fa nature : ou fi l'on le veut changer, l'on y entremefle des contraires ou differens. Par ce moyen vous aurez des pommes plus douces, fi les deux agents, à fçauoir le tronc, & le greffe font doux : vous les aurez plus blanches, ou plus rouges, fi les deux font blancs ou rouges; plus groſſes, fi les deux fouloient produire le fruit gros; & ainfi des autres qualitez, & des autres efpeces. L'efpece mefme fe maintiendra bien mieux fur la mefme efpece, que fi vous l'entez fur vne autre differente. Comme aufſi quand vous voudrez changer les faueurs, les couleurs, ou autres qualitez, auancer, ou retarder la production des fruits, il faudra employer des fujets conuenables à voftre intention. Tenant pour certain, puis que c'eft le tronc qui recueille la fubftance dont l'arbre eft nourry, & dont eft faite *Par les entes.*

la production, qu'il la prepare à sa nature, tant qu'elle demeure en luy,
& qu'elle en participe encores quand elle a passé au greffe, ayant esté en
partie digerée par le premier, & parfaite au second. Ainsi les deux
agents estans diuers, diuersifieront le fruict, auquel tous deux contribueront : & pour cette raison nous auons dit que les arbres à pepin doiuent estre entez bas prés de terre, pour y laisser tant moins de sauuageon, qui rend la substance qu'il succe amere & aspre selon sa nature, &
au contraire des fruicts à noyau.

Donc quand vous voudrez mesler les qualitez d'vn fruict à l'autre,
prenez le greffe de l'espece que voulez conseruer, & plus vous voudrez qu'il participe des qualitez qui sont en l'autre, laissez le tronc dautant plus long, entant au haut de la tige, ou dans les branches, afin que la
substance montant par vn plus long canal, retienne dauantage de la
nature d'iceluy. Ainsi seront renduës laxatiues les Prunes & les Cerises,
qui seront entées sur le Nerprun, dautant que le tronc ayant cette faculté purgeante la contribuera à son adioint. Ainsi se feront rouges
les fruicts qui seront entez sur le Meurier, & ainsi d'autres qui auront
d'autres facultez ; Et c'est la raison pour laquelle on ente les Poires de
bon Chrestien sur le Coignié, qui les rend de plus belle forme & couleur,
& qu'on ente dessus toutes sortes de fruicts qu'on plante aux espalliers ;
par ce que ne venant pas fort grand arbre, il ne pousse de son naturel
guere de bois, bien qu'il aye force cheuelures és petites racines, auec
lesquelles il attire quantité de substance qu'il employe à faire son fruict
gros & beau, & communique cette vertu aux especes qu'on met
dessus, qui produisent d'ordinaire le fruict plus gros, & moins de bois
que ceux qu'on ente sur les sauuageaux de mesme espece, sur lesquels
pourtant ils durent plus long-temps, & produisent leur fruict de meilleur goust. Dauantage nous disons que la terre de laquelle l'arbre ti-
*Par la ter-
re na-tu-
relle.*re sa nourriture, ayant naturellement des conuenances aux qualitez
que vous desirez aux fruicts, ou si elle les a contraires elle les contribuera : celle qui est ferme & pierreuse, affermira les fruicts ; celle qui
est douce, legere & sans pierre, les affermira moins, & ainsi des autres :
& si la nature du fruict, & celle de la terre où il est nourry conuiennent,
l'vne augmentera l'autre : si elles sont contraires, le fruict s'en resentira.
Il y a plus, car à la terre nous pouuons encor contribuer d'autres quali-
*Par la ter-
re artifi-
cielle.*tez de saueurs, odeurs, & couleurs, la meslant de fiens diuers, ou de
cendres, dont nous auons parlé, qui estans pleins des principes de la generation des corps desquels ils sont prouenus, ils contribueront à la terre,
& à la nouuelle production qu'elle fera, les qualitez premieres qu'ils ont
fourny & retenu desdits corps premiers : desquels fiens, la vertu produisante de la terre sera non seulement augmentée, mais aussi changée,
si ces nouuelles aydes & qualitez que nous luy fournissons, sont plus
puissantes que celles qu'elle auoit auparauant. Comme par exemple vn
Prunier de damas violet souloit porter son fruict doux & mielleux,

ainſi que ſont ordinairement telles ſortes de Pruniers, mais par le moyen d'vne vieille ſaumure, qui fut verſée inconſiderément au lieu où il eſtoit planté, il porta depuis ſon fruiƈt ſi ſalé, qu'il eſtoit impoſſible d'en man-ger. Si les ſirops, & faiſſes de ſuccre, ou de miel, ſont auſſi employez en terre, elle fournira le gouſt ſauoureux aux fruiƈts qu'elle produira, & ainſi des autres ſaueurs. De meſme s'augmenteront, ou changeront les couleurs, & les odeurs, ſi les fiens que nous employerons ſont puiſſans en telles qualitez, ainſi qu'il s'en trouue. Le marc de vin rouge hauſſe la couleur des œüillets, & autres fleurs; il le fait de meſme aux fruiƈts, ſpecialement aux Oranges, & leur augmente encor le ſuc, rend l'écorce plus deliée, retenant ces qualitez des raiſins noirs, qui les ont: d'autres feront de meſme à d'autres ſelon leur force teignante, ou autres qualitez. Tant d'arbriſſeaux, & plantes odorantes, abondantes en ſel, ne contri-bueront-elles pas leurs vertus auec luy, puis qu'enſemble ils ſont infus; voire le bois eſtant bruſlé, ce ſel qui reſte és cendres eſt encor partici-pant des vertus qui eſtoient en l'arbre: comme ce grand Caton (ſans en dire la raiſon) a enſeigné que les cendres des ſermens miſes aux racines de la vigne, augmentoient grandement ſa force & ſa bonté.

L'eau auſſi dont la terre ſera arroſée, ſi elle a des qualitez conuenan- *Par l'eau.* tes, ou contraires à ce que nous deſirons, les fera paroiſtre, ou ſi nous en infuſons en elle, qui eſt vn moyen bien facile pour l'odeur, couleur, & ſaueur, outre la grande nourriture & force produiſante, que cet arroſe-ment donnera. ſi dans l'eau ſont infus des fiens propres aux plantes qui en ſeront arroſées. Bref il n'y a point de doute, que tout ce qui eſt nourry, ne participe aux qualitez de la nourriture qu'il prend, ainſi que nous l'ap-perceuons aux animaux, comme Lapins & Griues, qui nourris de ge-néure, ſentent le genéure, & les Perdrix qui au Printemps paiſſants l'ail ſauuage en retiennent le gouſt, & tant d'autres.

Le Soleil auſſi fera paroiſtre ſa vertu, ayant puiſſance infinie, non ſeu- *Par le So-* lement à la production & maturité des fruiƈts, & en tout autre effet de *leil.* la nature, mais ſpecialement en ces changemens, dont nous parlons: Car ces trois eſprits ſubtils & excellents, l'odeur, la couleur, & la ſa-ueur, conſiſtants en la chaleur naturelle, ſont augmentez par luy ſelon qu'il leur depart ſa puiſſance par ſes rayons: & cecy voyons nous, quand les fruiƈts qui ſont produits à l'ombre, different de ceux qui ſont veus du Soleil, voire en vn meſme arbre, & les plantes qui ſont couuertes, à faute d'eſtre expoſées au ſoleil & à l'air, blanchiſſent, changeant & di-minuant leurs couleurs, & leurs ſaueurs.

Il ſe trouuera aux arbres quelquesfois des defauts, qu'il y aura moyen *Par ſoin* de reparer, comme quand l'arbre prenant plaiſir à croiſtre, s'y ſera telle- *& artifi-* ment accouſtumé, qu'il oubliera de fleurir & porter fruiƈt, luy coupant *ce.* les boutons deſtinez à la croiſſance, qui ſont ceux des bouts, il faudra qu'il pouſſe par les autres premiers deſtinez pour les fleurs, & fruiƈts, que nous auons remarquez, parlant des arbres en general, & lors il por-

tera fruict s'il en eſt capable ; car il ſe trouue des arbres ſteriles comme
des animaux ; il y en a auſſi qui floriſſent abondamment, & ne portent
point de fruict, bien que d'autres arbres de meſme eſpece en portent
en meſme contrée, qui eſt vn teſmoignage que cela ne vient du defaut
de l'air, lequel ſouuent gaſte les fleurs : mais c'eſt qu'ayant beſoin de
grande ſubſtance, pour la production du fruict qui ſoit pleine d'eſprits
conuenants à iceux, la terre en eſtant dépourueuë faute de culture &
amelioration, l'arbre ne trouuant que du terreſtre, qui n'eſt propre qu'à
la nourriture de ſon corps, il le rend plus fort & ſolide par ce moyen, que
s'il eſtoit nourry de meilleure ſubſtance, bien temperée des vertus &
puiſſances des autres Elements, leſquels auſſi fourniroient matiere propre à la production du fruict, ſi la terre eſtoit miſe en eſtat de les receuoir.

A cecy il faut vn grand labourage, & augmentation de bonne ſubſtance, & oſter les empeſchements à l'air & au ſoleil, afin qu'auec la pluye
ils contribuent leurs vertus à cette terre, qui autrement ne peut produire que ſelon ſa force ; ainſi que nous auons dit traictant des terres en
general.

Or ſi l'arbre s'eſtant trop endurcy, par vne longue & mauuaiſe nourriture, ne vouloit porter fruict, (ou en portant, le faiſoit trop aſpre, rude
& pierreux,) auoit beſoin de plus puiſſante ayde, il ſeroit beſoin luy
couper la teſte l'ébranchant, & faire à l'enuiron de ſon pied (ſans toute
fois l'ébranler) vne tranchée large & profonde, coupant auſſi ſes racines, laquelle tranchée, ou foſſé, il faudra remplir de la meilleure terre
de ſubſtance qui conuienne à la nature du fruict qu'il doit porter,
comme les cendres des ferments, & marc de vendange bien pourry à
la vigne, & autres fruictiers deſquels le fruict eſt abondant en ſuc ; le tan
de noix aux Noyers, les pommes pourries, & le marc de citre, aux
Pommiers, & ainſi des autres fiens & cendres, dans leſquels reſtent les
principes de generation des corps, dont ils ſont faits.

Par ce moyen l'arbre portera beaucoup de fruict, & meilleur, les pierres en ſeront oſtées aux Poires & Coings, & aux autres fruicts, & ce
qu'il y auroit de trop terreſtre corrigé ; voire coupant la teſte à vn arbre
bien fructueux, & l'empeſchant par ce moyen de porter fruict quelques
années, pendant leſquelles il recueillera beaucoup d'eſprits, eſtant
nourry abondamment de bonne ſubſtance propre à ſa nature, quand
puis apres il en produira, il ſe fera gros, mieux nourry, plus plein d'eſprits,
& auec moins de terreſtre. Et par telle induſtrie, comme par la raiſon
que nous auons donnée des entes, s'oſtent ainſi que deuant eſt dit les pierres aux Poires & Coins, ſe diminuent les noyaux & pepins aux fruicts,
la peau s'en fait plus deliée & douce, la queuë plus courte : les fleurs des
arbres & arbriſſeaux, qui ne portent point de fruict, ſe multiplient &
deuiennent doubles. Bref la nature enuieuſe de bien faire, s'efforce au
bien autant qu'elle en a de pouuoir. Il ſe trouuera encore vne inuention gentille d'augmenter la force & vertu aux arbres, en leur donnant

deux racines pour vne tige, si deux arbres sont nais, ou transplantez
prés l'vn de l'autre, estans ieunes vous couperez en biaisant leurs tiges,
vis à vis l'vne de l'autre, & les ioindrez ensemble, en les liant auec chanure ou laine, & laisserez à costé de la conionction vn bouton libre, pour
pousser, dans celuy des deux duquel voulez conseruer l'espece, laquelle
sera par ce moyen augmentée par l'autre ; voire les fruicts en deuiendront doubles, si les deux sont de mesme espece. Deux greffes de fruicts
diuers, entez sur vn mesme tronc, & reioints ensemble, pour ne faire
qu'vn iet, feront vn meslange de la nature des deux. Si ioignans les
serments de vigne, ou d'autres arbres qui viennent de bille, ou marcottes, vous les mettez en terre, & les contraignez de pousser par vn
seul iet; il n'y a doute que les fruicts qui en prouiendront, participeront
de la nature de ceux, dont estoient lesdites branches, ou serments, &
de là se font les raisins, & autres fruicts, de deux couleurs, & de là se
fait encore que ces arbres produisent abondance de fruicts, chacun voulant contribuer le sien.

Ainsi des pepins, graines, & noyaux, semez ensemble & pressez,
le germe de plusieurs s'assemble, & fait vn seul iet, ou bien vous les contraignez à cela, quand ils viennent à pousser separément, coupant leurs
iets, & les assemblant de nouueau : Par tel moyen se fait aussi la multi-
plicité de feüilles dans les fleurs, & la multiplication des fleurs en vne :
comme aussi se font les varietez des couleurs aux fleurs, dont nous parlerons plus amplement traictant leur sujet.

Il y a plus, car si vous prenez deux serments de deux seps diuers, quand
ils sont prochains, & que vous en fendez les boutons par moitié, & que
vous les ioignez ensemble, tous deux ne font qu'vn iet, qui portant
fruict, le fait de deux couleurs differentes de la nature de leurs souches;
voire en entant en écusson, si vous ioignez deux moitiez de boutons,
& n'en faites qu'vn, il ne laissera de prendre & pousser vn seul iet, lequel
fait vn mesme effect, portant du fruict de deux couleurs, ou de deux
gousts diuers; c'est comme nous auons dit parlant des entes, que mettant deux boutons l'vn sur l'autre, les fruicts viennent enuelopez l'vn
dans l'autre : mais en faisant telles conionctions, il est besoin d'auoir
égard que les sujets y soient propres, & que la nature des adioints conuienne en la production du fruict en mesme saison, afin qu'ensemble ils
trauaillent, & ne s'empeschent l'vn l'autre.

Or si nous considerons ces choses, & que nous les employons à propos auec soin & diligence, nous aurons plaisir de voir la nature mesme
nous obeïr, suiure le chemin que nous luy preparons, & nous donner ce
que nous desirons d'elle, quand le temps en sera venu.

CHAPITRE VIII.

Des maladies & inconueniens qui arriuent aux arbres.

NTRE les maladies qui arriuent aux arbres, celles qui prouiennent du fond de la terre sont les plus dangereuses, comme les plus difficiles à guerir : Pour ce sur toutes choses, & auant toutes choses, il faut se pouruoir d'vn terroir qui n'aye le fond vicieux, & auquel les arbres prennent plaisir : car les defauts qui se trouueront en la surface pourront estre amendez, mais ceux du fonds ne le peuuent estre entierement. Les plus ordinaires inconueniens du fonds, viennent du tuf, de l'argile, ou de l'eau trop proche de la surface de la terre, qui ont les vices que nous auons dit : les deux premiers peuuent estre aucunement amendez, cauant vn fossé large & profond, suiuant la ligne où vous voulez planter vos arbres, la laissant longuement ouuerte, afin que la mauuaise substance s'exhale, & le fond s'amende par les pluyes, gelées, & chaleurs des saisons : La terre qui en sera tirée sera aussi amendée par les mesmes aydes : & le remuement qu'elle aura receu la rendra plus penetrable aux racines, ainsi que nous auons dit au transplanter : vous pourrez encor l'amender y meslant de meilleure terre, ou fiens bien pourry : par ce moyen l'arbre s'accommodera à cette terre, & ne trouuera celle qui n'auoit esté remuée si contraire quand les racines l'auront atteinte, si elle n'estoit du tout de trop mauuaise substance. Auquel cas il faudroit plantant les arbres, poser la racine sur la surface de la terre, & laissant douze ou quinze pieds de chacun costé de l'allignement, prendre le reste de la surface entre deux, & en couurir la racine, & tout cet espace qu'aurez proietté pour leur estenduë à l'aduenir. Quand l'eau se trouuera trop proche, cette façon de proceder y conuiendra aussi, car par ce moyen vous rehausserez la terre, & les racines se trouueront d'époisseur suffisante pour leur fournir nourriture, & s'étendront plustost en elle, que d'approfondir vn mauuais fonds. Et bien que vostre champ se trouue inégal, il ne restera d'auoir grace & bien sceance, si les lignes estans tirées droites, vous mettez des bordures ou hayes d'appuy, qui cacheront la difformité, quand la necessité des lieux vous contraindra.

Quand vn arbre venu en mauuais fond, monstrera par ses branches & mauuais iet, ou par la mousse & roingne de l'écorce, que la bonne substance luy defaut, si c'est vn arbre excellent que vous vueillez conseruer, vous couperez ses branches, & ferez vn fossé à l'enuiron de son pied, aussi large & profond que s'estendront ses racines, qui est peu moins que ses branches, sans toutesfois ébranler son pied : encor que coupiez

ces

ces racines, & au lieu de la terre qu'en tirerez remplirez le lieu d'vne amelioration qui conuienne à la nature du fruict qu'il doit porter. Le sang des animaux, & les ergots de moutons & brebis sont excellens, & tres-propres à cela. Ce remede amende, non seulement l'arbre, mais aussi le fruict, ainsi que nous auons dit cy-deuant. Les maladies qui viennent aux arbres par la trop grande chaleur & secheresse, doiuent estre amédées par arrosements abondans, abreuuans toute la terre iusques aux extremitez des racines, deuant que l'alteration soit trop grande, ainsi qu'il sera dit au Chapitre des arrosements. Celles qui sont causées de l'air, & des vents, doiuent estre preueuës de longue main, mettant des contregardes du costé que viennent les plus dangereux, & à peine peut-on éuiter l'inconuenient, qu'eux & les mauuaises exhalaisons, broüées, gresles & pluyes chaudes, apportent aux arbres & fruicts, quelques re-serrez & enfermez qu'ils soient entre des murailles, bois, ou hayes, car ne pouuant viure sans air, il faut souffrir les inconuenients qu'il appor-te, specialement quand ils viennent inopinément. La vapeur du fien chaud, estant du costé du vent, dissipe partie du mal, & apporte grande temperie à l'air reserré soubs les couuerts, esquels on retire les arbres en Hyuer.

Quand donc pour tels inconueniens, ou autres, l'arbre deuiendra ma-lade, le moins de branches qu'on luy peut laisser est le meilleur, afin qu'il aye moins d'affaire, & que l'humeur qu'il succera estant abondant, gue-risse à tout le moins le corps: dauantage quand l'arbre est malade, il ne peut trauailler si actiuement que de coustume, soit en succant, ou por-tant la nourriture iusques aux extremitez, de sorte que les branches pa-tissent, le bois s'endurcist, l'écorce s'altere, & quand bien la maladie gue-riroit, les parties interessées, & qui ont pâty, s'en sentent tousiours, ou longuement. Le meilleur expedient donc sera d'oster les branches, à tout le moins celles qui auront souffert, le corps de l'arbre s'en fortifiera, iettera du bois sain, & plus vigoureux: voire l'arbre n'ayant autre ma-ladie que la vieillesse, qui a rabougry ses menues branches, à faute que la substance ne peut plus faire vn si long chemin, & monter iusques aux extremitez, l'arbre se renouuellera de force, & la substance n'ayant tant de chemin à faire, fera les branches belles & gaillardes, si vous coupez les vieilles. Mais sur tout arbre fournissez nourriture à l'arbre par le labourage, & augmentation de substance que vous donnerez à la terre, non seule-ment prés son pied, mais aussi bien loin, & plus que ne s'étendent ses ra-cines, car c'est des extremitez d'icelles qu'il tire nourriture.

Diuers animaux causent de grandes maladies aux arbres, mangeant leur nouueau iet, & leurs tendres feüilles, & infectant par leur frequen-tation, le vieux bois & l'écorce: entre lesquels sont les chenilles tres-fascheuses, qui engendrées de l'infection de l'air, ou de la graine que ces meschans animaux (s'estans changez en papillons) laissent d'année à l'autre, croissent en si grande multitude, qu'ils deuorent la beauté de tou-

H

te vne Prouince, & ne laiſſent rien de verd aux arbres qu'ils ayment; de
ſorte qu'ils s'en trouue quelquefois qui meurent de cette infection.

　　Le Iardinier ſera donc ſoigneux de rechercher curieuſement cette
dangereuſe graine, afin qu'il n'en demeure, ny en ſon Iardin, ny és enuirons, coupant les hayes où il y en aura quantité, & les branches des arbres où elles ſeroient attachées deuant qu'elles ſoient preſtes d'éclorre, &
les faut bruſler entierement. Quand à celles qui ſont engendrées par l'infection de l'air, il faut apporter toute diligence de les tuer, les prenant
quand elles ſont amoncelées le ſoir & le matin, & vſer des choſes qui
leur ſont contraires. Le ſegle verd les chaſſe quand l'arbre en eſt lié : ainſi
fait le ſureau, & l'hieble, les épanchant parmy les branches des arbres ;
ſi vous arroſez les branches & feüilles des arbres auec eau, en laquelle
ſoit infus du ſalpeſtre, vous ferez mourir les chenilles, & tel arroſement
ſe fait facilement auec ſeringue, ou pompe portatiue, dans vn ſeau où
cuuier, ou auec la pelle concaue : l'eau dans laquelle aura trempé de la
Ruë concaſſée, & ſon iuſt y eſt auſſi propre.

　　Les Hanetons ſont des vers qui s'engendrent en terre, de laquelle ils ne
ſortent que la troiſieſme année, ayant pris cette forme de barbos vo-
lans, que nous voyons en ſi grand nombre au Printemps, en leur année;
ils mangent les nouuelles feüilles & tendre iet, ſi le ſoigneux Iardinier
ſecoüant les arbres, & les faiſant tomber à terre ne les tuë, attendant que
la premiere forte pluye luy faſſe raiſon de cette vermine, qui ne la peut
endurer ſans mourir. Les Cantarides n'incommodent pas moins les arbres, rongeant le nouueau iet, & de plus donnant vne puanteur faſcheuſe, & infection corroſiue : elles ayment ſur tous arbres le Freſne &
le Troiſne, qui ordinairement s'en trouuent incommodez, ſi auec diligence on ne les tuë, comme les Hanetons. Les roſiers plantez parmy les
hayes empeſchent cette vermine de s'y loger. Mais l'eau boüillie auec la
Sauge, ou la Ruë les tuë, ſi vous en arroſez les arbres & palliſſades. Les
fourmis ne mangent auec ſi grand degaſt, mais leur frequentation nuit
grandement aux arbres, & les infecte, engendrant vn excrément ſur le
nouueau iet, qui l'offuſque & gaſte : le ſon de ſcieure de bois, épandu au
pied de l'arbre où ils frequentent, les empeſchent d'approcher quand ils
le ſentent mouuoir ſous eux : comme auſſi vne forte ligne tirée auec du
charbon de bois tendre les empeſche de grauir à mont, dautant qu'ils
n'ont la priſe aſſeurée ſur icelle : mais vn vaiſſeau fait de cire autour du
corps de l'arbre eſtant remply d'eau, les empeſche de monter, comme
fait auſſi vn cercle de glu fait à l'entour de la tige de l'arbre.

　　Le ver qui s'engendre entre l'écorce & le bois de l'arbre, & le perce,
ſuçant la ſéue, eſt dangereux, les Poiriers de bon Chreſtien en ſont ſur
tous autres endommagez, & c'eſt pourquoy on a nommé ce ver Turc,
parce qu'il eſt leur ennemy : il doit eſtre recognu par l'excrément qu'il
rend, qui tombe au pied de l'arbre, de couleur tannée, reſſemblant la
ſcieure de bois, il faut chercher ſoigneuſement ſon trou qui eſt petit,

découurant la surface de l'écorce, & tirant ce ver qui tueroit l'arbre, empeschant la voye de la nourriture. Contre l'aduis & commun de plusieurs Anciens & Modernes, qui tiennent & disent la substance & nourriture de l'arbre monter par la moüelle; que si cela estoit, l'arbre ne mourroit pas par le ver qui n'entre pas dans le bois demeurant entre le bois & l'écorce, où il succe la substance. Nous voyons des arbres, les Saules entre autres, perdre leur moüelle, & ne laisser pas de viure, & faire non moindre production que s'il l'auoit, d'où appert que la séue monte entre le bois & l'écorce; que si ce qu'on appelle moüelle aux arbres deuoit porter le nom de quelqu'vne des parties du corps animal, celuy de poulmon luy conuiendroit mieux, attendu qu'estant formée d'vne matiere poreuse & acrée, elle aspire au dedans la substance de laquelle le corps est nourry, & augmente d'année en année, se formant entre le bois & l'écorce vn nouueau bois plus tendre, que nous appellons aubour, qui n'a encore atteint la dureté & solidité du precedent; de maniere que nous trouuons l'interieur, que nous disons le cœur de l'arbre, le plus ferme & solide, s'il n'a par maladie, ou autre inconuenient, esté pourry, ou gasté, qui est souuent par où arriue la perte & ruine de l'arbre. Les arraignées auec leurs toilles, infectent & empeschent le nouueau iet, quand vne forte pluye qui les dissipe tarde à venir; c'est pourquoy il faut auoir soin de les oster des arbres que voudrez conseruer.

CHAPITRE IX.

De tailler, tondre, & ébrancher les arbres.

PLVSIEVRS arbres & arbrisseaux ont besoin d'estre taillez, leur racourcissant les branches, & ne leur laissant que peu de nœuds, par lesquels ils iettent plus vigoureusement qu'ils ne feroient les laissans entiers: quelques arbres fruictiers ont besoin de cette façon, specialement ceux qui portent leur fruict dans le iet nouueau, comme la vigne; leur fruict s'en fait plus beau, mieux nourry, ayant moins de terrestre, à cause que la substance & nourriture que l'arbre prend, est moins de temps nourrie, & digerée auec la dureté du bois, n'ayant si long chemin à faire, & n'ayant tant de branches à nourrir, en fait la production nouuelle plus fournie. Il y en a aussi que pour nostre plaisir nous voulons tondre, & faire prendre autre forme que la naturelle; d'autres estans malades ont besoin d'estre soulagez, leur ostans toutes, ou partie des branches, afin qu'ayans moins à nourrir, ils employent la substance qu'ils succeront, & se remettre en vigueur, car c'est leur baume: voire d'autres n'ayant autre maladie que

la vieilleſſe, ou bien voulant nous ſeruir de leurs branches, nous les re-
nouuellons en leur coupant la teſte. Toutes ces choſes doiuent eſtre
faites en ſaiſons temperées, aux equinoxes, au commencement du Printemps & de l'Automne; ceux que l'on ébranchera au Printemps porteront plus de fruiᴄt, & ceux de l'Automne pouſſeront plus de bois.
Mais ſelon que nous deſirons que les arbres deuiennent grands, ou rete-
nus, il ſera beſoin auſſi de prendre garde à l'eſtat auquel ſera la Lune; car
coupant à la fin de la Lune, l'arbre qui eſt vuide, & en appetit, attirera
nourriture dés le commencement de la nouuelle, comme s'il auoit toutes ſes branches à fournir, de laquelle abondance il en renforcera, & groſ-
ſira, & quand la ſaiſon ſera venuë, eſtant puiſſant & bien fourny, pouſſera vn long & gros iet. Au contraire ſi vous coupez en la pleine Lune,
l'arbre ayant employé aux branches ce qu'il auoit attiré de ſubſtance durant la croiſſance de la Lune, le peu qui reſtoit en ſa tige, ou tronc, s'é-
coulera encor en partie par les playes que luy ferez, l'écorce ſe reſtreindra
& s'endurcira par l'alteration, & ſeichereſſe, n'eſtant humeᴄtée, & ſou-
leuée par abondance de ſubſtance au dedans, durant le temps qu'il ſera
ſans ſuccer, la Lune décroiſſant; de ſorte qu'au prochain renouueau il
ne ſera ſi ſain, ny en ſi bon appetit, ne ſi capable de receuoir nourriture, outre le temps qu'il aura perdu: & quand la ſaiſon de pouſſer ſera venuë, il aura moins de force, ſera moins approuiſionné, qui ſera que ſon
iet ſera plus petit, & plus endurcy; c'eſt la raiſon pourquoy les tondures
des palliſſades, & bordures, que l'on veut époiſſir & reſtreindre, doiuent
eſtre faites en la pleine Lune, & apres que le iet eſt commencé de faire,
& ſi le Printemps eſt auancé, ou qu'on ſoit en l'Eſté, il les faudra faire en
des iours temperez d'humidité apres la pluye, de crainte que la chaleur
exceſſiue n'enuahiſſe la plante, dépourueu de l'ombrage que luy don-
noient ſes branches & feüilles.

    Pour les petites bordures du menu plan, leur prompte croiſſance
monſtre le beſoin qu'elles ont d'eſtre tonduës ſouuent, qui fait auſſi que
ce doit eſtre en pleine Lune, pour les retenir plus courtes, & preſſées: &
ne doit-on auoir pour elle moins d'égard à la temperature de l'air, dautant qu'eſtans foibles, & leurs racines courtes, elles ont plus à craindre
la trop grande chaleur, ſi elles ne ſont ſecouruës de la pluye: pour les conſeruer auſſi en longue durée, il faut ſe garder de les laiſſer croiſtre, & donner temps de produire leurs graines, qui eſt leur dernier but, lequel la
plus part d'elles ayant atteint, elles meurent.

CHAPITRE X.

Des arrofements.

LA terre eftant feiche de fa nature a befoin d'arrofement, & plus encor quand le Soleil la regardant de prés l'échauffe outre mefure: le meilleur arrofement qu'elle reçoit, eft celuy de la pluye, qui tombe admirablement pour tel effet, & d'vne façon inimitable, & par vne fi douce cheute, que la terre s'en fent pluftoft foufleuée, qu'affaiffée de la pefanteur, s'en abreuuant peu à peu, quand les vents & les orages ne forcent point la pluye, & ne la chaffent point trop violemment. Affaiffant la terre, & la détrempant plus qu'il n'eft de befoin, elles émeuuent de fa place celle qui eft plus parée à la production, détournent & empefchent fes commencements, & quelque fois les chofes bien aduancées font détruites par tels bouleuerfements, les plantes arrachées, & la terre mefme emportée par les rauines coulants dans les fonds. La neige auffi tombant n'affaiffe point la terre, pour époiffe qu'elle foit, & fert d'vn excellent arrofement: venant à fe fondre peu à peu, elle l'abreuue & engraiffe, & quand par fon époiffeur elle la couure longuement, elle ofte le moyen aux oyfeaux, & autres animaux de manger les femences, & de paiftre fon beau verd, qui eft conferué par telle couuerture, mefme contre le froid exceffif. L'eau des riuieres, & ruiffeaux, venant quelque fois à déborder, couure les prez, & terres voifines, & les arrofe, mais diuerfement : car felon la diuerfité des eaux & des terres, elle y fait du bien ou dommage, y laiffant, ou oftant, d'autre bonne ou mauuaife terre : felon auffi la qualité des plantes mefmes, qui tantoft en font heureufement abreuuées, & tantoft noyées & étouffées.

Mais l'arrofement artificiel fe fera à temps, & à propos, par l'intelligence du Iardinier, qui connoiftra le befoin, felon la nature des terres, & des plantes: il fera fait commodément, fi vous auez les eaux naturelles, ou par artifice, plus hautes que les lieux que voudrez arrofer, les laiffant couler doucement, & en telle quantité qu'il en fera befoin, par les canaux de telles matieres que vous aurez, de bois, plomb, ou tuille, ou par les mefmes terres, y faifant des rayons, qui donnant l'eau par les fentiers des planches, & le long des bordures, abreuuera la terre par deffous, rafraichiffant les racines, fans décharner les plantes de leur terre, ainfi qu'il fe fait quand l'eau y eft verfée à coup par deffus auec l'arrofoir, qui ne peut eftre percé fi menu, que l'eau trop abondante n'affaiffe la terre en tombant, ny diffoude l'humeur appreftée à la production, & ne l'emmene plus profond en terre, lauant la furface. Il vaudroit mieux n'arrofer point, que d'arrofer peu ; car la terre en deuient plus altérée, s'eftant

H iij

attenduë à tel fecours, lequel on luy a fait feulement goufter : il faut auffi
arrofer au lieu où font les racines fuccantes, car fe font-elles qui en tirent
plus de profit, & de qui la plante le reçoit. Aucuns arrofent en plain
midy quand l'alteration eft plus grande, & quand la chaleur qui eft en
la terre attiedift la froideur de l'eau, & ne font fans raifon pour aucunes
plantes ; mais ces mutations promptes, d'vne extremité à l'autre, font
contraires à nature, qui ayme le temperament : & afin de n'vfer des chofes en vn eftat fi contraire, il vaut mieux arrofer le foir conformément à la
fraifcheur de la nuiĉt, ou durant la nuiĉt mefme apres auoir fait échauffer
l'eau à l'air, & au Soleil tout le long du iour : par ce moyen l'eau fera temperée, la terre abreuuée à l'aife, les plantes l'attireront moins auide-
ment, & toutesfois auec plus de vigueur en la fraifcheur de la nuiĉt, le
matin auffi y feroit propre, à caufe de la mefme fraifcheur de la nuiĉt, fi
ce n'eft que l'eau fe rendant plus froide par icelle, n'eft fi propre pour l'accroiffement des plantes, la froideur de laquelle retarde l'effeĉt de la terre,
qui doit eftre aydée, non moins de chaleur que d'humidité. Or s'y infufant en cette eau fubftance propre à augmenter la vertu produifante
de la terre, ou autres bonnes qualitez de goufts, odeurs, ou couleurs, defquelles vous defirerez que les plantes ou leurs fruiĉts fe reffentent, il n'y
a doute que cette pratique ne reüffiffe auec autant de plaifir & vtilité, comme elle eft facile & commode.

Il arriue fouuent inconuenient de l'arrofement qu'on donne aux femences & nouueaux plans durant les feichereffes d'Efté, par les animaux,
qui font en terre, Taupes, Mulots, & autres, qui ne font moins alterez que les plantes, car fentans l'humidité, la viennent chercher de
loin, & s'affemblent en nombre à cette fraifcheur, mangent les graines en faueur defquelles auoit efté fait l'arrofement, & foüillans la terre & la foufleuant, déracinent les plantes qui font feichées par la chaleur qui pénetre plus facilement apres. C'eft pourquoy ie dis encor,
qu'il vaut mieux n'arrofer point, qu'arrofer peu, & qu'heureux font les
Iardins plus bas fcituez que les eaux, dont ils peuuent eftre arrofez en
abondance : à heure & à temps les autres iardins ne laifferont pourtant d'eftre arrofez bien à point auec l'arrofoir commun, ou auec fe-
ringue, ou auec la pompe portatiue dans vn feau, ou cuuier, faifant
que le iailliffement fe faffe par quantité de trous menus percez ; cette
façon d'arrofer eft propre pour lauer les branches & feüilles des arbres
chargez de pouffiere, ou quand ils font mangez de chenilles, & autres
vermines, en infufant dans l'eau les remedes pour les exterminer.

CHAPITRE XI.

Pour faire des bois.

O N fait ordinairement des bois en trois manieres, la premiere est quand vous auez estenduë de terre en friche dans laquelle il vient naturellement & sans artifice du bois de quelque espece, à quoy la terre prend plaisir : car la terre produit de sa nature, & ne demeure point sans rien faire, si elle est tant soit peu fertile; il faut renfermer cette terre, & empescher qu'elle ne soit frequentée, que les animaux ne la foulent, broutent & gastent, y faisant à l'enuiron vn bon & profond fossé auec hayes, ou autres defenses, & en peu d'années vous trouuerez commencement de bois, specialement si c'est chesne qui naturellement y vienne, ainsi que souuent il s'en trouue de cette nature proche des forests, mesmes apres qu'vne haute fustaye aura esté abbatuë, la terre produira, ou d'elle mesme, quand elle aura pris grand & plein air, ou de quelques vieilles racines des arbres coupez, si la place est conseruée & gardée, & par ce moyen se fait des bois nouueaux, qui auec le temps deuiendront de bon reuenu en tailles, parmy lesquelles tailles on choisist des arbres de pied qu'on reserue en bailliueaux, qui aussi refont vne forest & haute fustaye; cette voye est longue, mais sans peine ny fraiz, que de la garde & closture qui est necessaire. Vne autre façon de faire des bois est en semant Glan, Chastaignes, Fayne, semence de Charme, Erable, Orme, Fresne, Tilleux, & autres, à quoy la terre monstre prendre plaisir : quelquefois il se trouue des terres qui n'estans pas bien fertiles en grains ne laissent de produire de beaux bois, par la semence qui leur est donnée. Donc si vous auez vne terre que vouliez mettre en bois, faites la bien fumer & labourer de toutes ses façons, comme si la vouliez semer en bled, puis choisissez la semence des especes que vous verrez que la terre ayme par la production naturelle qu'elle fait en ce lieu, ou és enuirons en semblable terroir; les meilleurs bois sont les Chesnes, & entre iceux le Chesne blanc, car il vient plustost que les autres Chesnes, plus haut, plus droit, & meilleur en charpenterie & menuiserie; le Chastaigner n'est pas moindre en toutes ces qualitez, outre que son fruict vaut mieux qu'à nourrir les pourceaux, mesme le bois estant mis en tailles, ses rejettons de trois ou quatre ans sont grandement vtiles à faire cerseaux pour les tonneaux, & seruent bien aux iardins employez en bois mort pour cabinets & hayes façonnées, le Fau ou Haistre fait vn bois & forest des plus belles, vient bien & proprement de semence, mais son bois n'est propre, ny à charpenterie, ny qu'à peu de menuiserie, n'ayant la force ny la

durée & beauté des deſſus-nommez, ſe deiettant en beſogne, quelque
ſec qu'il puiſſe eſtre, & neantmoins on l'employe en diuerſes choſes ; le
Tilleu eſt plus propre à couurir les allées des iardins, eſtant ſon bois blanc
& foible ; le Charme auſſi eſt plus propre pour taillis, que pour haute
fuſtaye, & eſt beau en palliſſades dans les iardins ; & ainſi l'Erable qui
prend bien au tranſplanter, & vient à l'ombre & en grand air, le Freſne
monte vne belle tige, droite & vnie, ſon bois eſt fort, & ſert en paix &
en guerre aux Charrons & Artilles pour les bonnes picques & aſtes, il
engendre les mouches cantarides tres-faſcheuſes dans les iardins. Quant
à l'Orme il vient diligemment, & en toute ſorte de terroirs, & de toutes
façons : ſon bois eſt fort, plus propre à l'ouurage des Charrons que des
Menuiſiers, mais les bois en ſont beaux & hauts, & les allées des iardins
tres bien couuertes ; l'Aune, & les Saules, & les Peupliers ſont propres aux
lieux aquatiques. Ainſi choiſiſſant les eſpeces de bois propres à vos terres, vous les ſemerez incontinent qu'aurez recueilly la graine deuant
qu'elle s'échauffe demeurant amoncelée, ou par trop deſſeichée : ſi vous
auiez peu de terre à ſemer, vous pourriez laiſſer paſſer l'Hyuer auant ſemer pour crainte d'vne grande gelée, comme il en arriue quelque fois :
& pour conſeruer vos ſemences, ſpecialement les Glands & Chaſtai-
gnes, il faut les mettre dans des paniers & manequins, & auec du ſable
lit ſur lit, pour les garder en lieu temperé, & les porter facilement au lieu
où voulez ſemer ſans rompre le germe qui commence à ſortir, les po-
ſant en terre vn à vn auec la main, cela les garentit des Taupes & Mulots,
& des Corneilles, qui les mangent l'hyuer, & ne ſemez que les bons ſeulement qui viennent & ſortent de terre incontinent qu'ils ont ſenty le
Printemps ; mais ſi c'eſt vn grand champ, ſemez & recouurez auec la
charuë, comme on fait les féues & pois. Le plan commençant de paroiſtre le faut entretenir de ſarclure, & arracher les herbes, afin qu'elles ne
le ſuffoquent, & mangent la nourriture ; & ainſi en peu d'années aurez
vn beau bois, & peut eſtre trop épois, duquel vous pourrez tirer du plan
pour tranſplanter ailleurs ; voire longues années vous aurez iournellement à prendre grandes commoditez de ces ieunes arbres, oſtant les vns
pour faire place aux autres. Si le ieune bois eſt ſemé de Gland ſeulement,
il le faudra couper la troiſieſme année de ſa croiſſance tout contre terre,
auec vn tranchant bien affilé, prenant garde de n'ébranler ou efforcer
les racines, & cela en vieille Lune, en beau temps, & luy faudra donner
vn bon labour, le rejet qu'il fera au Printemps viendra haut & droit, &
formera ſuiuant ce commencement vne droite & belle tige, la proximité du plan ſeruant à conduire droit & haut le nouueau jet.

　　L'autre façon de faire bois & taillis, eſt en le plantant de ieune plan
en l'Automne, ou au Printemps, ſelon la nature du terroir, le ſec voulant eſtre planté en l'Automne, & l'humide au Printemps ; prenez donc
des plans ſuſ-nommez, ceux que trouuerez plus propres à voſtre terre,
qui ſoit frais arraché, & bien enraciné, & les plantez par petites rigoles

de trois pieds de diſtance l'vne de l'autre, & les coupez à demy pied hors
de terre, ſi le plan eſt tant ſoit peu fort, ayant ſoin de le faire labourer au
Printemps & en l'Automne, les trois ou quatre premieres années, & iuſques à ce que l'ombre de voſtre plan ſuffoque les herbes qui croiſſent
deſſous: il ne faut grand labourage la premiere année, & ſuffira de ſer-
foüetter & arracher les herbes qui ſuffoqueroient le plan, & mangeroient
ſa nourriture; mais il faut bien labourer les années ſuiuantes, afin de bail-
ler facilité aux racines de s'allonger, & receuoir le temperament neceſſaire à la production par le moyen des pluyes & du Soleil, le chaud &
l'humide n'eſtans moins neceſſaires l'vn que l'autre: & ſi vous auez l'arroſement facile, ne l'épargnez pas au plan fait au Printemps, il en aura
plus de beſoin encore que celuy de l'Automne, mais tous deux s'en
porteront mieux, ſi les arroſez durant le haſle de Mars, qui eſt le commencement de la repriſe du plan de l'vne & de l'autre ſaiſon, & le temps
qu'ils ont plus de beſoin de ſecours.

    Outre ce que deſſus il ſe fait de petits boſquets qui ſeruent de grand
embelliſſement aux Iardins, qui ſont compoſez d'allées, ſales, & cabinets en lignes droites & courbes, & ſe peuuent planter en deux façons,
ſçauoir d'arbres de marque d'eſpace en eſpace, pour faire les allées couuertes, garnis d'vne palliſſade au pied, ou plantes de palliſſades ſeules
ſans arbres, pour auoir ſes allées découuertes, ſelon la fantaiſie de celuy
qui les fait faire, y en ayant qui ayment les allées couuertes, d'autres les
découuertes: la place eſtant choiſie dans voſtre Parc, ou Iardin, ſi c'eſt
proche de la maiſon & parterre, vous prendrez les allignements d'iceluy, continuez auec les autres allées & promenoirs, qui accompagnent
la maiſon que nous preſupoſons auoir eſté priſe conuenante à icelles,
à ſçauoir paralleles, & à angles droits ſur le principal corps de logis, ainſi
qu'il conuient; plus ſelon l'étenduë & figure de voſtre place, ferez vn
plan meſuré par toiſes, ſur lequel ſeront tracées vos ſalles, cabinets, &
allées, de forme & largeur conuenante, & bien ordonnées, ſuiuant la
grandeur de voſtre boſquet, faiſant les allées découuertes plus larges
que les couuertes. Voſtre deſſein eſtant fait, & bien arreſté, le faudra
tracer ſur terre, & ſuiuant la trace faire ouurir les rigoles ou foſſez, que
ferez de trois pieds d'ouuerture, & deux de profond, long-temps deuant que de planter, afin de rendre la terre plus amiable au plan, luy donnant moyen de ſe meurir, & d'euaporer les mauuaiſes conditions qui
ſe rencontrent d'ordinaire au ſecond lit d'icelle, n'oubliant de mettre
la bonne terre de deſſus d'vn coſté, & celle du fonds de l'autre, afin d'a-
uoir moyen en plantant de mettre la bonne deſſous, & à l'entour des racines de voſtre plan, & l'autre deſſus, où elle aura tout loiſir de ſe meurir, vous planterez au milieu de voſtre rigole, ou foſſé, & laiſſerez peu
de tige au plan hors de terre, il en pouſſera de plus grande vigueur, ne
laiſſant aux arbres de marque plus de ſix pieds hors de terre, & aux

palliſſades demy pied, prenant garde de ne le mettre trop auant en terre, car vn pouce ſuffit plus que le plan n'auoit deuant qu'eſtre arraché,
ayant en cecy neantmoins égard à la nature de la terre; la plus legere
eſtant la plus facile à deſſeicher, il faut dauantage couurir le plan de
terre, ou de paille & fougere, pour le conſeruer du haſle & chaleurs de
l'Eſté, qui deſſeicheroit les racines du plan. Nous choiſirons pour couurir nos allées, l'Orme, le Tilleu, ou le Heſtre, & pour les palliſſades, le
Charme, le Heſtre, l'Erable, & l'Eſpine blanche, eſtans de tous les plans
qui quittent leurs feüilles les plus propres pour cela.

Mais ils ſe peuuent planter parfaitement beaux des arbres qui gar-
dent leurs feüilles l'Hyuer, & qui reſiſtant aux rigueurs des gelées, nous
font ioüir de leur perpetuelle verdeur, au plus fort d'icelles, à quoy
peuuent eſtre employez en ce climat pour les arbres de marque, les
Cheſnes verts, les Lieges, les Pins, Sapins, Pinaſtres, Cedres, Cyprez,
Lauriers, Arbouſiers, Laurier-rege; & pour les palliſſades, ou bordures, le Boüis, le Sauinier, le Geniéure, le Hou, toutes les eſpeces de Phi-
leres, & Alaternus, le Pirachanta, Seſelly Ethiopic, & le Romarin; les
climats plus chauds ſe peuuent ſeruir, outre ceux-cy, de toutes les eſpeces d'Orangers & Citronniers, de tous les Mirthes, Laurier, Tin, Ro-
dodaphne, Lentiſques, vrais Sicomores, Oliuiers, Palmiers, Caſſiers,
Sebeſtes, Mirabolants, & pluſieurs autres. Faut prendre garde, ſpecialement aux plants touſiours verds, de ne les meſler en vos palliſſades, les vns parmy les autres, mais vous planterez tout vn allignement,
de Boüis, de Hou, Geniéure, & ainſi des autres eſpeces, faiſant les plus
longs traits de ceux qu'aurez plus à commodité, & les cabinets, & autres plus petits allignements de ceux qui ſont plus rares; cette diuerſité
bien ordonnée donnera grace à la beſogne, & plaiſir à la veuë par la diuerſité des verds qui feront les palliſſades, plantées chacune de diffe-
rents plans: les deſſeins qu'en baillons icy, & qu'auons fait planter à
Verſaille, & ailleurs, pourront eſtre ſuiuis, ou au moins en pourra-on
tirer ce qui ſe pourra trouuer bon, & en faire de differentes inuentions,
ſuiuant les formes & figures des places, chacun s'en pouuant accommoder ſuiuant icelles, faiſant les allées plus ou moins larges; les plus
larges ſuffiront de deux toiſes, & les moindres de neuf à dix pieds. De
cette maniere de planter ieune plan, ſe peuuent faire les grandes allées,
aduenues, & promenoirs, tant celles que voudrez planter d'arbres
pour les faire couuertes, que les autres où ne voudrez que palliſſades,
ou hauts Eſpalliers aux coſtez, leſquels ne faudra laiſſer monter qu'à meſure que le bas ſera bien fourny, car c'eſt par le pied qu'il doit commencer à eſtre bien formé, le laiſſant monter par années ſelon qu'il
époiſſit, & ſi par negligence il auoit monté, laiſſant le bas dégarny, il
le faut rogner plus bas, afin qu'il s'épaiſſiſſe, la beauté de ces palliſſades
eſtant d'auoir le bas & les coſtez bien garnis; quant à l'époiſſeur de la
palliſſade deux pieds ſuffiront, la forte tige du plan demeurant au mi-

lieu, & se trouuera bien garnie, si dés le commencement elle est bien entretenuë de tondure, tant par haut que par les costez, les arbres de marque, Ormes ou Tilleux, destinez pour couurir les allées qu'on veut faire couuertes, doiuent estre plantez à neuf pieds l'vn de l'autre, ou de douze au plus, l'entre-deux desquels doiuent estre plantez de menu plan pour former la bordure ou pallissade, la laissant croistre d'an en an, iusques à ce qu'elle aye atteint la hauteur de quatre ou cinq pieds, où il les faudra arrester : vos allées seront plus belles, que si la laissiez monter plus haut, vous ostant & accourcissant trop la veuë. Les rigoles ou fossez se doiuent faire plus larges & profondes en mauuaise terre, qu'en la bonne, & aux arbres gros qu'aux petits, & ne le seront trop quand les ferez de six pieds de large, & trois de profond, les plus larges estans tousiours les meilleurs. Pour tout ce qui est à considerer pour la beauté du temps, & estat de la Lune, nous en auons parlé au Chapitre quatriesme du second Liure, au transplanter des arbres, ne nous restant plus icy que d'aduertir ceux qui voudront auoir bien tost plaisir de leurs plants & bosquets, de ne leur épargner ny les labours, ny les arrosements en la saison.

DV IARDINAGE,

LIVRE TROISIESME,

DE LA DISPOSITION ET ORDONNANCE DES Iardins, & des choses qui seruent à leur embellissement.

AVANT-PROPOS.

RESTE maintenant d'ordonner les Iardins, pour employer dedans les choses dont nous auons parlé : & pour ce il est besoin que nous disions ce qui nous semble de l'affiette & disposition d'iceux, quels embellissemens y sont agreables ; voire que nous en dressions des plants & eleuations qui puissent ayder à éclaircir nostre discours : lesquels aussi pourront estre suiuis, ou desquels on pourra tirer ce qui sera trouué bon, chacun s'accommodant à sa portée, & à la place qu'il aura. Non que nous pretendions mettre icy tout ce qui appartient à l'ornement des Iardins, car il est infiny ; mais en ce peu on iugera des autres beautez conuenantes à ce sujet, lesquelles on pourra rechercher des Architectes, & autres gens sçauants en pourtraiture, & bons Geometres, si le Iardinier n'auoit fait ses premiers apprentissages en telles sciences, qui luy sont non moins necessaires pour la construction du Iardin, que l'intelligence de la nature des terres & des plantes, dautant que c'est le seul chemin pour paruenir à la connoissance des beautez qui y sont requises : Par la pourtraiture nous apprenons les proportions des corps diuers qui peuuent y estre employez, nous reconnoissons par le dessein, si l'ordonnance a grace, si les parties ont conuenance l'vne à l'autre, & iugeons de la besogne auant qu'elle soit faite, afin que mettant la main à l'œuure nous trauaillions seurement, reduisant en grand les mesmes choses qu'auions desseignées en petit. Que si le Iardinier est ignorant du dessein ; il n'aura aucune inuention ny iugement, pour les ornemens ; S'il les emprunte d'autruy ; comment les tracera-il sur sa

terre ?

terre? Et apres qu'ils feront plantez, comment les entretiendra-il de tondure, & autres reparations ordinaires, auec lefquelles la beauté s'augmente de iour à autre? Bref tout ainfi que nos premiers Traictez dépendent de la connoiffance de la nature, & raifons de Philofophie, auffi dépend cettuy-cy de la fcience de Pourtraiture, bafe & fondement de tous
les mechaniques.

Nous confeillons donc icy le Iardinier de s'inftruire de bonne heure au deffein pour fe former le iugement, & prendre connoiffance de tant de beautez qui en dépendent, à celle fin que s'il ne peut paruenir iufques à la capacité d'inuenter luy mefme (qui n'eft donnée qu'à
peu de gens) il puiffe à tout le moins faire choix de ce qui luy fera propre, & fuiure les ordonnances d'autruy, quand il aura moyen d'en recouurer des plus fçauans.

CHAPITRE PREMIER.

Que la diuerfité embellit les Iardins.

SVIVANT les enfeignemens que Nature nous donne en tant de varietez, nous eftimons que les Iardins les plus variez feront trouuez les plus beaux :
Ie dis variez premierement en l'affiette, puis en la
forme generale, en la difference des corps diuers
qui y feront employez, tant en relief, que parterre,
& en la difference des plantes, & arbres, qui different auffi entre eux de forme & de couleurs : Tou-
tes lefquelles chofes, fi belles que les puiffions choifir, feront defectueu-
fes, & moins agreables, fi elles ne font ordonnées & placées auec fym-
metrie, & bonne correfpondance : car Nature l'obferue auffi en fes œuures fi parfaites, les arbres eflargiffent, ou montent en pointes leurs branches de pareille proportion, leurs feüilles ont les coftez femblables, &
les fleurs ordonnées d'vne, ou de plufieurs pieces, ont fi bonne cōnue-
nance, que nous ne pouuons mieux faire que tafcher d'enfuiure cette
grande maiftreffe en cecy, comme aux autres particularitez que nous
auons touchées.

I

CHAPITRE II.

De l'aßiette des Iardins à l'égard du plan de terre.

IVSQVES icy on s'eſt tellement arreſté à l'aſſiette égalle & vnie, qu'on a dédaigné toutes les autres, meſmes ne la trouuant commodément, on a mieux aymé ne faire point de iardin : à la verité elle y eſt belle, bien ſeante & commode, pouuant en icelle vous eſtendre & agrandir en tout voſtre eſpace; outre les promenoirs faciles & de longue eſtenduë, qui ſouuent s'y rencontrent. Ce qui n'eſt pas aux autres aſſiettes montueuſes, ou inégales, eſquelles la nature du lieu vous contraint & arreſte; neantmoins on peut trouuer en celle-cy d'autres plaiſirs & commoditez qui ſont bien à priſer, & qui conuiennent à la nature de quelques plantes, aucunes deſquelles veulent l'ombre, & d'autres vn fort ſoleil, d'autres eſtre appuyées par des murailles, ou auoir leurs racines parmy les pierres d'icelles : commoditez qui ſe trouuent és aſſietes inégales. Il y a encor grãd plaiſir de voir de lieu eſleué les parterres bas, qui paroiſſent plus beaux, car d'en bas ils ne peuuent eſtre ſeulement diſcernez : la diſpoſition & departement de tout le Iardin eſtant veuë de haut, eſt remarquée & reconnuë d'vne ſeule veuë, ne paroiſt qu'vn ſeul parterre, dans lequel ſont diſtinguez tous les ornemens : vous iugez de là la bonne correſpondance qui eſt entre les parties, qui toutes enſemble baillent plus de plaiſir que les parcelles : ce qui ſe trouue defectueux en l'aſſiette égale, en laquelle tous les corps eſleuez vous arreſtent la veuë.

Ceux donc qui ſe trouueront ſi heureuſement ſituez, qu'ils pourront entremeſler l'vne & l'autre aſſiette, auront vn grand auantage ; car ils iouïront de la diuerſité que nous deſirons en cecy, comme aux autres choſes, & des beautez & commoditez qui ſont en l'vne & en l'autre. Mais il ſera beſoin vſer de bonne ſymmetrie, qui eſt difficile à y rencontrer, & de grand couſt à y mettre, quand naturellement elle ne ſe trouue en l'inégale : car les remuemens des terres, ſoit à oſter ou mettre, ſont importans, outre que cauant en terre profond, vous trouuez quelques fois des difficultez en la nature des lieux mal-aiſez à corriger : comme au contraire quelques fois auſſi par tel moyen vous vous couurez des dangers & intemperies de l'air, & des vents, vous augmentez au Soleil ſa force, par les moyens que nous auons dit, & par la reuerberation de ſes rayons, qui ſont renuoyez par la hauteur des terreins.

CHAPITRE III.

De la forme des Jardins.

LES formes carrées sont les plus pratiquées aux Iardins, soit du carré parfait, ou de l'oblong, bien qu'en iceux y aye grande difference : Mais en eux se trouuent les lignes droites, qui rendent les allées longues & belles, & leur donnent vne plaisante perspectiue : car sur leur longueur la force de la veuë declinant, rend les choses plus petites tendantes à vn poinct, qui les fait trouuer plus agreables. Mais ie ne suis pas d'aduis, que s'arrestant du tout à ces lignes droites, quelque beauté qu'elles ayent, nous n'entremessions aussi des rondes, & courbes ; & parmy les carrées, des obliques, afin de trouuer la varieté que nature demande, laquelle ont sagement compris les plus sçauans en portraicture, qui ont tousiours varié leurs ouurages de formes differentes, meslant des rondes auec les carrées, & entrecouppant les lignes qui ennuyent par trop de longueur.

Ie me lasse grandement de voir tous les Iardins partis seulement en lignes droites, les vns mis en quatre carrez, les autres en neuf, les autres en seize, & iamais ne voir autre chose : Les autres formes parfaites trouueront aussi leur lieu & leurs graces dans les Iardins, si elles sont disposées selon la nature du lieu, qui souuent se trouue contraint par des montaignes, riuieres, ou autres empeschemens, qui faisant des angles pointus ou obtus, sur lesquels seront accommodées les formes parfaites qui auront commencé aux lignes qui contraignent la place. Sans aucune contrainte mesme, il n'y aura danger quelquesfois de changer cette carrée si commune, en vne des autres, ou l'entremesler selon qu'elles conuiennent. La triangulaire estant doublée fait l'exagone, l'octogone procede de la carrée, & la pentagone seule ou accompagnée d'autre, ne reste d'auoir sa perfection en iardinage, comme aux autres œuures, où elle est souuent employée. Mais ces choses dependantes de l'inuention & gentillesse d'esprit du Designateur, nous laisserons à luy de trouuer grace & beauté en toutes les formes, suiuant son caprice ; l'aduertissant seulement de prendre garde que tous les promenoirs ayent communication de l'vn à l'autre, afin de n'estre obligé, si on ne veut, de reuenir sur ses pas, qui est vne chose tres-ennuyeuse, & à laquelle il faut bien prendre garde.

CHAPITRE IV.

Des Allées & longs promenoirs.

LES Allées font neceſſaires aux Iardins, tant pour ſeruir de promenoirs, que pour l'vſage & ſeruitude des
choſes qui y ſont plantées : Le tour du Iardin & departement principal en doit eſtre fait, & par elles
ſont bien & à propos marquées les formes & les eſpaces, pour les herbes & plantes, ou pour les ouurages,
parterres, & boſquets. Elles doiuët eſtre proportionnées de largeur auec leur lōgueur, & auec la hauteur
de leurs bordures, ou palliſſades, faiſant encor (pour ce regard) differéce
des couuertes, auec les découuertes, pour trouuer vne grace agreable
qui s'y rencontre, de laquelle on ne peut donner meſure iuſte, qui ne puiſſe s'eſtendre à plus ou moins. Mais nous reconnoiſſons que le couuert
qui nous encloſt, & oſte le grand air, fait ſembler l'eſpace plus grand,
que quand l'air & la veuë ſont libres ; de ſorte que les Allées couuertes
doiuent auoir moins de largeur proportionnée à leur longueur que les découuertes, outre qu'elles ſont plus faciles à couurir eſtant eſtroites.
Les hautes palliſſades au contraire vous contraignent les coſtez, ſi vous
ne trouuez largeur ſuffiſante pour regarder aiſément ſa hauteur, & voir
l'air qui vient d'en haut, & faut à celles-cy grande largeur, ſur laquelle
encor la hauteur de la palliſſade doit eſtre meſurée, luy donnant les deux
tiers de la largeur de l'Allée. De celles qui ſont fort longues, les plus
larges que i'ay veuë m'ont ſemblé les plus belles, ainſi qu'il ſe voit aux
Tuilleries l'Allée d'Ormes, qui a trente pieds de large, beaucoup plus
belle que les deux de Platanes qui ſont és coſtez, qui en ont ſeulement
vingt, ſur trois cens toiſes de longueur, ores qu'elles ſoient couuertes:
Meſme cette plus belle d'Ormes, quand vous promenant vous la ra-
courciſſez à certain point que la perſpectiue montre, la où finit l'eſtre-
ciſſiſſement qui ſe fait par le defaut de la veuë, vous trouuez vne proportion plus belle, que quand vous la voyez en ſa longueur entiere. Et c'eſt
à ce point là que montre la perſpectiue la iuſte longueur de toutes Allées, qui y voudroit obſeruer la perfection. Mais on les deſire ſouuent
plus longues, ſoit afin qu'elles contiennent tout l'eſpace qu'on veut
embellir, ou afin qu'elles ſeruent de voye pour aller loing.

Doncques les longues routes, & allées des bois & campagnes, ſi elles paſſent trois à quatre cens toiſes de long, en doiuent auoir ſept à
huict toiſes de large, pour eſtre belles & magnifiques, & doiuent eſtre
plantées à double rang de chacun coſté, à deux ou trois toiſes d'éloignement, ainſi que d'arbre en arbre, choiſiſſant ceux qui viennent
hauts, & bien touffus; comme Cheſnes, Ormes, Tilleus, ou autres de
grand ombrage, ſelon que demandera le terroir. Si les voulez d'arbres

fruictiers ; fans auoir tant d'égard à l'ombrage qu'à la recolte, comme
Noyers, ou Chaftaigners, vn rang de chacun cofté doit fuffire, à pareil éloignement les vns des autres, que fera large l'Allée ; voire les arbres qui ne portent point de fruicts, eftans grands, font beaux à voir
en telle diftance, chacun gardant fa forme.

Quant aux Allées des Iardins, les plus grandes font fuffifamment larges de cinq toifes, fi elles n'ont plus de deux cens toifes de long, quatre toifes à celles de cent cinquante, trois toifes & demie à celles de
cent, trois toifes à celles de cinquante, & deux toifes & demie à celles de trente ; lefquelles feront propres pour le tour du Iardin, & longs
promenoirs. Les autres plus proches du centre du Iardin, doiuent diminuer de largeur, comme elles font racourcies. Les grandes Allées
eftant garnies d'efpaliers, ou hautes bordures, qui oftent du tout, ou
en partie, la veuë du Iardinage, doiuent eftre accompagnées de Contre-
allées de moitié de leur largeur ou peu moins, pour feruir de promenoirs à defcouuert, & de feruitude aux efpaces du iardinage qu'elles enuironnent, lefquelles doiuent auffi donner la proportion aux autres
trauerfantes, qui les ioignent, ou compartiffent l'efpace: Et fi dans ces
efpaces il fe fait des planches par rofes, ou gloires, ou autre forme, les
voyes d'entre-deux doiuent eftre proportionnées felon ces planche,
donnant à la voye le tiers ou le quart de la largeur de la planche. Ou
fi c'eft vn compartiment de paffement par terre, qui ferue de voye, elles
doiuent auffi eftre proportionnees à tout le parterre, & de telle largeur
qu'elles foient pour le feruice comme pour la beauté, y ayant plus de
danger à les faire eftroittes que larges, dautant que les bordures qui
les forment & enuironnent, croiffent & efpaiffiffent.

CHAPITRE V.
Des Parterres.

LES Parterres font les embelliffemens bas des Iardins, qui ont grande grace, fpecialement quand ils
font veus de lieu efleué : ils font faits de bordures
de plufieurs arbriffeaux & fous-arbriffeaux de couleurs diuerfes, façonnez de manieres differentes,
de compartimens, feüillages, paffements, morefques, arabefques, grotefques, guillochis, rofettes,
gloires, targes, efcuffons d'armes, chiffres, & deui-
fes. Ou bien par planches, fe rencontrans fur des formes parfaites, ou
femblables, dans lefquelles on employe des plantes rares, fleurs, & her-
bages plantez en ordre, ou faifant des peloufes épaiffes, d'vne ou plufieurs couleurs, en forme de tapis de pied. On employe encor dans les
voyes, ou dans le champ vuide, des fables de couleurs differentes, qui y

fieent bien, & quelquesfois on peut dans les allées mefmes faire des
compartimens & guillochis, laiffant partie d'icelles parée, & l'autre
herbuë.

CHAPITRE VI.

Du Relief.

LES corps releuez auffi ont grande grace dans les
Iardins, & baillent grand foulagement par leurs
couuerts & ombrages : ils marquent & partiffent
les efpaces, retenant en partie la veuë, & l'arreftant
pour eftre confiderez, & faire confiderer les autres ouurages qu'ils enuironnent. Ils font faits
par allées ou galleries, couuertes d'arbres, ou faites
en berceaux ou plats-fons, auec charpenterie ou
gaules de bois mort, que le feüillage recouure. Des falles, chambres,
cabinets, auec leurs fuittes, en font faites, couuerts en dofme ou tiers
poinct, en forme de corps de logis & pauillons, auec leurs portes &
feneftrages, ornez d'architecture bien obferuée, & entretenuë par le
liage & tondure. Mais d'autres corps plus importans, releuez de maçonnerie ou charpenterie, y peuuent auffi eftre employez, feruans de
mefme aux promenoirs & logemens couuerts de plomb ou ardoife, ou
faits en terraffe, qui donneront dautant plus grande beauté quand l'architecture en fera exquife : & dauantage pourront encor au dedans &
au dehors eftre ornez de peintures & fculptures, & feruir commodément à mettre à couuert les orengers, & autres arbres & plantes rares
qui craignent le froid, dont ils ne fe trouueront moins embellis que des
chofes feintes.

Les fontaines ornées d'architecture & fculpture, les grouppes de figures de marbre ou bronze, les grandes colomnes & pyramides, les
balluftrades & perrons, tiendront auffi lieu dans les Iardins, de grande
beauté parmy les corps releuez. Voire les fimples paliffades & hayes
d'appuy de boccage & feüillage, ne refteront fans eftre eftimées, toutes
vnies, n'ayant autre artifice que de la tondure : mais bien dauantage,
quand elles feront formées de bonne ordonnance d'architecture, auec
feneftrages, arcades, & niches, & fouftenuës de pillaftres, auec leurs
embaffemens, chapiteaux, architraues, frifes, corniches, frontons, &
autres amortiffemens. Mefme les arbres feuls, de formes excellentes,
ou plufieurs, difpofez auec correfpondance, feront vn beau Relief dans
le Iardin : Les orengers dans leurs caiffes, & autres arbres à fleurs, ne
feront fans grace, eftans placez auec ordre.

CHAPITRE VII.

Des embellissemens que l'on donne aux Iardins, par le moyen de l'eau.

NOVS auons defia dit que l'eau eft tres-neceffaire aux Iardins pour l'arrofement & rafraichiffement de la terre, quand les pluyes tardent trop à l'hume-cter. Mais auffi l'eau leur fert de grand embelliffe-ment, fpecialement l'eau viue & courante en ruif-feaux, & celle qui boüillonne ou ialift dans les fon-taines ; cette viuacité & mouuement femblant eftre l'efprit plus viuant des Iardins. Il fe trouue encore des eaux, qui n'ayantes la viuacité fi grande ne feront inutiles, ny fans feruir d'ornement, foit qu'elles fourdent au lieu mefme, ou coulent de lieux plus efleuez, & viennent à croupir dans le Iardin : auquel cas afin qu'elles ne morfondent la terre, il faut creufer des canaux où elles s'égouteront & affembleront, & ainfi ne feront fans grace & beauté, & donneront encor commodité d'y nourrir du poiffon, qui embellira dau-tant plus qu'il y a grand plaifir de voir les poiffons mefmes s'appriuoifer, fuiure ceux qui les appellent, autant que leur demeure leur permet, cherchant, & receuant d'eux leur nourriture, qu'ils prennent iufques à la main : & la commodité n'eft pas petite de trouuer à propos quand il vous plaift vne fi bonne prouifion pour la cuifine.

Or de dire en quel lieu du Iardin les canaux doiuent eftre fituez, de quelle forme & grandeur ils doiuent eftre faits, on ne le peut vniuerfelle-ment, cela dépend de la nature du lieu & des eaux, & en partie de celuy qui ordonne le Iardin, fans que nous en puiffions donner regle certaine: feulement nous difons que la plus grande eau femble la plus belle ; & neantmoins il fera bon qu'elle n'efface par fa grandeur les autres beautez du Iardin, ains les proportionnant les vnes felon les autres, il faut cher-cher la conuenance de toutes les parties. Nous difons auffi que pour la fanté de la famille il n'eft pas bon que les eaux, (fur tout celles qui ne font point courantes) foient proches du logis, car elles caufent de mau-uaifes vapeurs trop humides, & quelques fois corrompues & puantes, les ferpés & grenoüilles s'y nourriffent, & s'y engendrent d'autres faletez par le limon & cheute des feüilles d'arbres. Il eft neceffaire que les ca-naux foient reueftus, car autrement la terre s'éboule, ils le peuuent eftre, non feulement de muraille baftie auec chaux & fable, mais auffi à pierre feche, laquelle ne refte d'eftre belle & de durée.

Si les canaux eftoient fituez en lieu que l'eau peut s'écouler en des lieux plus bas, qui eft vn moyen de les rendre plus nets & fains, il fau-droit faire à l'enuiron vn conroy de terre peftrie, à quoy la plus argilleu-fe & graffe eft la meilleure, qui retiendra l'eau, iufques à ce que par vne

bonde & petit canal vous la laiſſiez couler. Si l'abondance d'eau eſt
grande, & qu'il ſoit beſoin pour la contenir & égouter de pluſieurs
canaux, l'ornement s'en fera d'autant plus beau, ſi les diſpoſant par
bonne ſymmetrie vous laiſſez des eſpaces de terre entremeſlez, où
pourront eſtre des parterres, allées, ou d'autres corps releuez, plaiſam-
ment ſituez entre ces eaux, en forme d'Iſles.

CHAPITRE VIII.

Des Riuieres & Ruiſſeaux courans.

MAIS l'eau des Riuieres & Ruiſſeaux courans eſt
bien plus à priſer, car elle eſt plus belle, & d'autant plus ſaine qu'elle eſt rapide, & le poiſſon y eſt
meilleur. Or ſi cette rapidité, ou la profondeur
quelques fois empeſchoit qu'on ne peuſt détour-
ner le canal, que l'on voudroit mettre en lieu
plus conuenant, il faut que l'intelligence du bon
maiſtre ſupplée, trouuant des beautez qui s'accommodent à la nature des choſes qui vous arreſtent, & que vous ne
pouuez forcer.

C'eſt pourquoy en matiere d'embelliſſemens des Iardins, les petits
ruiſſeaux ſont plus à deſirer que les grandes riuieres, y ayant plus de
moyen de les enioliuer, ſoit en les bordant d'enrichiſſemens, ou pauant
leur fonds de cailloux, ou ſables, auec leſquels vous l'vniſſez & mettez
à telle hauteur que bon vous ſemble, n'y ayant moins de plaiſir à voir
le fonds bien ordonné que l'eau meſme. Dauantage le poiſſon qui eſt
veu de plus prés, baille d'autant plus de plaiſir; vous détournez ou ſe-
parez plus facilement le petit ruiſſeau, & en formez non ſeulement
des canaux en lignes droites; mais auſſi en faites de ſinueux, vous en
faites des compartimens & guillochis, voire des lacs, ſi la nature du
lieu n'y repugne.

CHAPITRE IX.

Des Fontaines.

Vant aux Fontaines, si l'eau sourd en boüillon-nant, au lieu mesme que la voulez approprier, c'est vn grand aduantage & espargne; cette sorte de Fontaine n'estant sans grande beauté, qui principalement est deuë à la nature, car il n'y con-uient tant d'artifice qu'aux autres, & cette eau que vous regardez la veuë baissée, n'a peu de gra-ce, comme chose naturelle. Neantmoins on fait grand cas des Fontaines iallissantes, lesquelles on peut embellir de grands enrichissemens d'architecture polie ou rustique, de figures de marbre ou bronze, par diuerses inuentions & ordonnances, qui tiendront grand lieu en l'embellissement des Iardins, quand elles sortiront de l'inuen-tion & dessein d'vn bon Architecte & Sculpteur, desquels il se faut seruir pour cette particularité d'ornement. Or dautant que rarement les Fon-taines se trouuent naturellement iallissantes, & moins encores és lieux où l'on les desire, il est besoin les chercher autre part, choisissant les eaux bonnes, abondantes, & les sources plus haut situées que le lieu où l'on veut qu'elles iaillisent ou versent. Il y a diuers moyens de les con-duire, & diuerses matieres sont employées à faire les canaux propres à y seruir: mais plus souuent on les fait de pierre, terre cuitte, plomb, ou bois, lesquels il faut enfoncer en terre, pour conseruer la fraischeur à l'eau durant l'esté, & la garder durant l'hyuer d'estre glacée. Si on trouue commodité de conduire les eaux partie du chemin à niueau, auec suffisante pante, c'est le plus asseuré moyen de les conseruer bon-nes, & les canaux n'endurent si grand effort, que quand l'eau tombe ou coule auec plus de pante. Il faut aussi considerer la quantité d'eau qui peut estre fournie par la source, afin de faire les canaux du dia-metre conuenant à la faire couler, & ne donner à l'ornement de la Fontaine, lieu d'en escouler dauantage, ny moins aussi; que si la source estoit trop abondante, il en faut laisser partie, ou l'employer autre part, car les canaux pâtissent du trop, & en sont esclattez & dessoudez: De façon que le moins de distance qui se trouuera entre le lieu où vous laissez le niueau de la source, & la Fontaine ornée, sera le meilleur, pour auoir moins de tuyau qui souffre ou endure grand' peine. Quand il y a beaucoup de pante, l'eau coule dautant plus facilement; s'il y a peu de pante il faut le canal plus spacieux, afin que l'eau ne le remplissant du tout, l'air ayde à couler. Il y a des eaux qui coulant sous terre, seroient prestes de surgir, mais trouuant celle de la surface facile à penetrer, s'escoulent par dedans iusques és lieux plus bas. Pour les trouuer plus hautes il faut

K

trancher aux lieux d'où il y a apparence qu'elles defcendent , & cette
apparence fe fait des plantes aquatiques , qui croiffent naturellement
dans tels coftaux , ou par les vapeurs qui s'efleuent de terre le matin ,
plus efpaiffes qu'ailleurs.

Ordinairement on trouue ces fources en terre, coulantes fur vn lict
de glaife , ou terre graffe qui l'empefche de penetrer plus bas : La four-
ce eftant trouuée, ou plufieurs , vous les affemblez , & les enuironnez
d'vn rempart de terre graffe , pour fçauoir la quantité d'eau , la faifant
couler par vn feul tuyau : Et pour connoiftre fi elle pourroit monter
plus haut ; car quelquefois par tel remparement on gaigne de la hauteur ; laquelle eftant trouuée il faut niueler , pour trouuer combien vous
auez de pante iufqu'au lieu où la voulez conduire , fuffifant vn poulce
de pante pour fept ou huict toifes de longueur , ou moins.

CHAPITRE X.

Des canaux à conduire l'eau des Fontaines.

LES anciens nous ont monftré par ce qui nous refte de leurs Oeuures , le meilleur & plus affeuré
moyen de conduire les eaux ; Reftant mefme en
noftre France des Aqueducs , où l'eau de laquelle
ils fe font feruis coule encores, & plufieurs autres
que le temps , ou l'auarice des habitans des lieux
ont ruinez. Ils les ont conduites de niueau le plus
loing qu'ils ont peu , par vn canal de pierre choifie,
enfoncé en terre felon la difpofition des coftaux ou vallées qu'ils ren-
controient : fuiuans lefquelles, ou les trauerfans, ils ont cherché le plus
court , & le plus facile chemin ; vfant , comme il eft à croire , de bon
mefnage pour la defpenfe , & ne l'efpargnant auffi où la neceffité les con-
traignoit. Pour cela ils fe tenoient en la furface de la terre autant qu'ils
pouuoient, ne s'enfonçant profond que pour conferuer l'eau des intemperies du chaud & du froid qui luy font contraires, ou pour fuiure leur
niueau de pante, lequel quelquesfois enfonçoit plus profond , ou quelquesfois fortoit dehors : ils ont percé des montaignes , y faifant voye
fuffifante pour y cheminer debout des deux coftez du canal , & bafty
dans les trop profondes vallées des arcades fur des trumeaux de maçonnerie pour les fouftenir: lequel auffi par fois ils ont fait de plomb , les
fondant de groffeur & efpaiffeur conuenante à perpetuer leur ouurage,
& fouftenir la force & la pefanteur de l'eau quand ils eftoient contraints
de luy donner grande pante, laquelle force & pefanteur la maçonnerie
n'euft peu endurer. Ils choififfoient les pierres grandes , & de nature
refiftante au feu, à l'eau, & à l'air, ne fe délittant point , ainfi qu'il s'en
trouue ; cauant en icelles le canal, & le couurant de pierre femblable ,

bien affis fur bon fondement de maçonnerie , de crainte d'efbranle-
ment. Outre le bon mortier d'icelle maçonnerie , ils ioignoient les pierres du canal auec ciment fait de tuilleau broyé , ainfi que nous le trouuons, non moins endurcy que la pierre mefme , digne ouurage de Roys,
des grandes Communautez, ou puiffances femblables.

Or fuiuans ces bons enfeignemens, chacun felon fa portée en doit approcher le plus prés qu'il pourra , choififfant pour le meilleur , le canal
de pierre conduit de niueau , affis fur maçonnerie bien fondée , & le canal bien cimenté , & conftruit au printemps ; n'y faifant couler l'eau
qu'apres l'efté , apres qu'il fera bien feché à l'ombre , de crainte qu'il ne
fende par la trop prompte fecherefle. D'autres canaux font faits de
grés, ou autres terres propres à potier , bien cuits , couchez & reueftus
en maçonnerie, les pieces emboitées l'vne dans l'autre , auec ciment de
chaux & tuilleau , ou ciment à feu. Autres canaux font faits de plomb
en table , la ioincture qui eft fur la longueur foudée auec foin , & l'em-
boiture des pieces auffi , ou mifes auec ciment à feu ; ils feront meilleurs
eftans auffi reueftus de maçonnerie. Autres canaux font auffi faits de
plomb fondu , & ietté dans des moulles , & par la fonte fort chaude , font
encor iointes les pieces les vnes aux autres : ils peuuent auffi eftre tirez
par la filliere, les reduifant à fi petit diametre & efpaiffeur qu'on defirera.
Les moindres canaux font faits de bois, lequel eftant couppé par pieces
d'vne toife de long, font percez auec tairieres , & emboittez l'vn contre
l'autre par vne virolle de fer trenchante des deux coftez, qui entre dans
les deux pieces , ou emboittez l'vn dans l'autre iuftement le bout qui
recouure l'autre lié d'vne frette de fer : On employe à ceux-cy toutes
fortes de bois , qui en peu de temps perd les mauuaifes qualitez qu'il
pourroit auoir , donnant odeur, faueur, ou couleur à l'eau : Voire on y
employe les bois qui ne feruent à charpenterie , comme l'Aune , Bou-
leau, & autres de peu de valeur, qui feruent vtilement à cecy , l'eau les
conferuant fous terre , quand ils ne prennent air : mais toufiours le
meilleur bois y eft le meilleur, comme les ieunes Chefnes ou Chaftaigners.

K ij

CHAPITRE XI.

Des Grotes.

LES Grotes sont faites pour representer les Antres sauuages, soit qu'elles soient taillées dans les rochers naturels, ou basties expressément autre part: aussi sont-elles ordinairement tenuës sombres, & aucunement obscures. Elles sont ornées d'ouurages rustiques, & d'étoffes conuenantes à cette maniere, comme pierres spongieuses & concaues, especes de rochers, & cailloux bigearres, congelations, & petrifications estranges, & de diuerses sortes de coquillages, qui par leurs formes & couleurs bien ordonnées font de beaux enrichissemens: les goutieres & reiallissemens d'eau, y sont propres & bien seants, rendant les choses plus naturelles.

Auec les eaux encor on peut faire mouuoir des engins & machines, par l'ayde desquels marchent des figures, ioüent des instrumens de musique, sifflent & chantent des oyseaux, & d'autres animaux contrefaits, des arbres & plantes y sont moullés, formez & peints, comme s'ils estoient naturels. Mais les figures de sculpture, de marbre, ou bronze, faites de la main d'excellents ouuriers, apportent vne grande grace & magnifique ornement à ces lieux sousterrains : voire toute la structure estant disposée par bon ordre d'architecture rustique, ou meslée de la polie, augmenteroit dauantage la beauté de l'œuure, comme si la nature & l'art à l'enuy embellissoient le lieu. On peut mesme y poser des tableaux de peinture, ou peindre à fresc contre les murailles, telle histoire, & en tel lieu qui y conuiendront bien, & augmenteront d'autant la beauté, que sera excellente la main & suffisance de l'ouurier. Les peintures que nous appellons grotesques, ont esté inuentées par les Anciens pour ce sujet, desquelles il se voit encor auiourd'huy dans quelques antiquitez sousterraines, où sont contrefaits des animaux & autres representations de formes & gestes extrauagants, aucuns naturels, & d'autres contre nature, pour rendre ces lieux d'autant plus bigearres.

CHAPITRE XII.

Des Vollieres.

LES Vollieres donneront aux Iardins vn embellif-fement fort diuers, par les diuerfes formes & inuentions, dont elles feront conftruites, & par les differens oyfeaux qui y feront mis, par leurs chants & ramages, & fpecialement en la confideration de leur naturel, qui peut eftre plus facilement reconnu là, que quand ils font en liberté : car ils ne laiffent pour leur prifon de s'accoupler, faire l'amour & multiplier, s'entrebattre par ialoufie, ou fe ralier enfemble, & faire toutes autres actions ordinaires. Il eft befoin qu'elles foient partie couuertes, & partie découuertes, afin que les oyfeaux qui n'ont moyen d'aller chercher les climats & retraites qui leur feroient propres, trouuent fous le couuert quelque foulagement contre la rigueur des faifons, & qu'ils ioüiffent auffi en partie de l'air qui leur eft plus particulier qu'à toutes les autres creatures. Leurs cages doiuét eftre oppofées au Septentrion, pour receuoir moins de froid, qu'vn ruiffeau naturel, ou artificiel paffe dedans, ou autre eau belle & claire pour abreuuer & baigner les oyfeaux ; que des arbres y foient plantez pour déguifer d'autant plus leur prifon, & leur feruir de perches.

CHAPITRE XIII.

De la diftinction des Iardins.

AVCVNS faifans diftinction des Iardins, en ont dit de quatre ou cinq fortes, ils ont mis les ouurages de compartimens & morefques, & autres embelliffemens que dans les parterres, qui eft proprement leur place. Mais ils en ont fait vn Iardin à part, que ie trouuerois trop plat & nud, s'il n'eftoit acccompagné d'autres corps releuez qui y conuiennent: ils en ont fait vn des plantes que l'on mange, qu'ils ont dit Potager: vn autre des fleurs, qu'ils ont dit Bouquetier: vn autre des arbres fruictiers, qu'ils nomment Verger: vn autre des herbes medecinales, fans compter d'autres manieres de Iardinages qui pourroient bien tenir leur rang, s'il eftoit befoin de feparer chacune forte à part.

Telles diftinctions feroient propres pour des particuliers, faifant profeffion d'vn meftier qui regarde ces differences, comme le Iardin me-

K iij

decinal , à vn Apoticaire ou à quelqu'vn qui enseignaſt la Medecine ;
le Bouquetier à ceux qui vendent les bouquets pour les feſtes & nopces ;
le Potager pour les Iardiniers de Paris qui en font ſi bien leur profit,
& ainſi des autres. Mais ſi nous voulons faire des Iardins qui ſoient
pour donner plaiſir & vtilité enſemble , ils ne ſeront conuenants à gens
de baſſe condition , ains ſeulement aux Princes, Seigneurs, & Gentils-
hommes de moyens: car les beaux Iardins ſe font & entretiennent auec
dépenſe , & n'y a que ceux des Iardiniers qui rembourſent leurs maiſtres
des frais qu'ils y font , encor faut-il eſtre en lieu de bon debit.

    Donc pour faire vn beau Iardin conuenant à gens de qualité, ie tiens
que ces diuerſitez entremeſlées & bien ordonnées, font vn embelliſſement plus grand par leur varieté, qu'elles ne pourroient eſtant ſeparées:
Et n'entends pas pourtant qu'on les broüille enſemble , en les entremeſ-
lant confuſément, ains qu'en iugeant de la conuenance ou repugnance
que les choſes ont enſemble , on les approche ou eſloigne , faiſant de
tous arbres & plantes les embelliſſemens à quoy ils ſeront propres , &
s'en ſeruant ainſi qu'il appartiendra : car la pluſpart de ces embelliſſemens ne ſont point ſans quelque beauté & grace particuliere , qui ſied
bien quand elle eſt bien appliquée.

CHAPITRE XIV.

Du Iardin de plaiſir.

QVE ſi le Prince ou autre Grand faiſoit diuers Iardins, pour ne laiſſer les fruicts à l'abandon des gens
de ſa ſuitte , il ſuffira de les ſeparer en deux ; l'vn
pour le plaiſir & beauté , qui aura les fontaines
enrichies , les canaux & ruiſſeaux enioliuez , les
grottes & lieux ſouſterrains , les vollieres, les galleries ornées de peinture & ſculpture , l'orenge-
rie, les allées & promenoirs mieux agencez, cou-
uerts ou découuerts , les pelouſes & preaux pour les ieux de ballon , &
exercices de la perſonne, les longs ieux de palmail, les boſquets, les autres corps de relief , bien diſpoſez és enuirons des parterres, ou entremeſlez par dedans, ainſi qu'il conuiendra: Dedans les planches des parterres & eſpaces ſeront les fleurs & les plantes, qui y pourront donner
grace , ſoit les medecinales , ou ſeruans aux ſalades , qui ont de belles
qualitez, pour les embelliſſemens,& font des tapis de belles couleurs.
Les plantes qui portent fleurs, & viennent plus hautes qu'il n'eſt ſeant
au dedans des parterres, ſeront miſes en bordures , ou le long d'icelles
ſi leur pied ſe trouuoit dégarny, ou ſeront plantées vne à vne pour ſeruir au relief, ainſi que l'ordonnance du Iardin requerra.

CHAPITRE XV.

Du Iardin vtile.

E N l'autre Iardin feront les arbres fruictiers, plantez par lignes le long des allées & principaux departemens, qui formeront de grands efpaces pour les herbes potageres, & autres portans fruicts bons à manger, qui veulent grand air & grand foleil, comme les melons. Ce Iardin, non moins que l'autre, demande vne grande eftenduë, & plus que l'autre a befoin d'vn bon fonds, qui eftant bien cultiué de labourage & amelioration, donnera aux arbres & aux plantes la nourriture qui leur conuiendra. Car comme nous auons dit au tranfplanter des arbres, les fruictiers demandent cecy, ayant befoin de grande & bonne nourriture, laquelle ils ne trouuent fi bien appreftée, quand ils font plantez en ordre quinconce, pour les raifons que nous auons dites, quelque grand cas qu'ayent fait de telle ordonnance les Anciens & Modernes. On pourra mettre en ce Iardin les Pepinieres, & lieux de prouifion de toutes fortes de plantes : l'amas des fiens neceffaires, les couches, les attelliers des manouuriers, les magafins de bois, ofiers, clayes, ais, & autres vtenfiles & ferremens, fous des galleries & couuers : le lieu pour recueillir & ferrer les femences, les couuers & retraites des plantes qui craignent le froid, & pour la garde des fruicts, les fours pour les cuire, les demeures & petites ménageries des Iardiniers dans des cours feparées.

Ce Iardin ne demeurera auffi fans embelliffemens d'artifices : car des allées y feront couuertes en berceaux, ou en plats fons, plantées de mufcats & autre vigne exquife, ou pour verjus, des efpalliers & hayes d'appuy, feront faits d'autres fruictiers, qui ont befoin de culture & amelioration. L'agencement des autres plantes donnera auffi de beaux ornemens par leurs formes & couleurs diuerfes, fi elles font bien difpofées. Les courges & coyes feront auffi des couuerts, ayant befoin d'eftre fouftenuës & efleuées, les artichaux font des bordures, & autres grandes plantes : les petits fraifiers mefme feront des labyrinthes & guillochis, d'autres des tapis de pied bien feants, & chacune chofe eftant plantée en planches bien ordonnées donneront grand plaifir.

Ce Iardin auffi ne doit eftre fans eau, en ayant beaucoup plus de befoin que l'autre, & fi naturellement, ou par artifice, elle ne peut eftre fituée fi haut, qu'elle puiffe couler d'elle mefme dans les endroits du Iardin qui en auront befoin, il faudra y creufer des puits, ou autrement faire prouifion d'arrofement ; car fans raifon demanderions-nous vn foleil vigoureux, fi nous n'auions l'eau commode pour rafraichir & humecter la terre, quand elle fera trop efchauffée & deffeichée, de quoy nous auons

parlé aux arrosemens. Or si la quantité d'arbres fruictiers, requise &
tant vtile, demandoit plus de terre qu'on n'en pourroit employer en Iardinages, d'herbes pour manger, ou legumes, on peut encor y faire des
lins & chanures. Mais plusieurs espaces y seront remplis bien à propos
de vigne, de plan, & visan bien choisi, tant pour en recueillir du vin, que
pour auoir en la saison des raisins à manger, & pour en garder prouision,
cuits, ou crus, car cettuy-cy n'est des moindres fruicts dont on doiue
faire cas. Ces espaces de vigne seront enuironnez d'arbres, qui ne portent grand ombrage, la vigne n'en ayant besoin que du sien propre, pour
lequel Nature l'a pourueuë de son pampre, & larges feüilles : doncques
les Amendiers & Peschers, les petits Cerisiers & Grenadiers, y seront
employez, & les Figuiers, & ils s'accommodent bien ensemble, quand
ils sont tenus bas, aymant tous grand labourage. Pour encor mieux defendre cette vigne, il sera bon de l'enuironner d'vne bordure & haye
d'appuy, laquelle estant treillissée de bois mort, la vigne mesme s'atta-
chera contre, ou bien elle sera plantée de rosiers, qui auec les arbres participeront au labourage de la vigne, & rendront en odeur, & autres pro-
prietez la recompense du soin qu'on prendra d'eux.

CHAPITRE XVI.

Des Espaliers,

RESTE de parler des Espaliers, qui ne seruent pas
e ulement à l'embelissement & ornement des Iardins, mais aussi sont de profit & vtilité. On en
dresse, parce qu'au Printemps arriuent souuent
des matinées fraisches & des gelées blanches, causées, soit par la fraischeur de la terre, soit par le vent
du Nort, qui gastent les fleurs plus hastiues & delicates, comme sont celles des Abricotiers, & de
toutes sortes de Peschers, & mesmes de quelques Poiriers, & nous ostent
le contentement de leurs fruicts. Afin donc de preuenir ces inconueniens qui sont assez ordinaires, on s'est aduisé de chercher des abris contre des murailles, qui par leur hauteur & épaisseur garantissent du mauuais vent, & receuäs les rayons du Soleil augmétent la force de la chaleur.
Et les arbres plantez contre telles murailles, treillissez & agencez conuenablement sur des perches y attachées, c'est ce qu'on appelle Espaliers,
desquels nous auons à parler & monstrer comme ils doiuent estre faits.

Il faut donc premierement choisir vn mur de closture, qui ait le Soleil
Leuant & le Midy, & qui soit bien fait & esleué au moins, s'il est possible,
de douze pieds de haut : car plus il est haut, plus long temps il sert à cét
vsage d'Espaliers. De toise en toise de largeur il le faut garnir de trois
crochets de fer, attachez l'vn au dessus de l'autre, l'vn à vn pied de distance

ſtance de terre, l'autre de cinq, l'autre de dix, & ce dernier débordant du mur trois doigts plus que les autres pour le ſuiet que nous dirons tantoſt.

Secondement il faut faire vne tranchée d'vne toiſe de largeur en la prenant du pied du mur, & de quatre pieds de profondeur, dans l'Eſté ſi cela ſe peut, & la laiſſer ainſi ouuerte deux ou trois mois, afin que le fonds d'icelle puiſſe iouyr & de la chaleur du Soleil, & de l'humidité des pluyes. Sur le commencement de l'Automne il la faut remplir de la meſme terre, ſi elle eſt bonne, en l'amendant pourtant encor auec du fiens bien conſommé, ou ſi elle n'eſt pas toute bonne, oſter celle qui eſt mauuaiſe, comme la terre argilleuſe & le ſable iaune ou rouge, & y en remettre d'autre apportée d'ailleurs. Car ſi on plante en mauuaiſe terre, ou qui ne ſoit point amendée, les arbres ne prennent qu'à peine, & ſont comme en langueur ſans pouuoir profiter, au moins en croiſſent lentement.

Les arbres qu'il y faut planter, ſont ceux qui ſont les plus tendres au froid: comme les Abricotiers, toutes ſortes de Peſchers, ſoit venans de noyau, ſoit entez ou ſur leur propre eſpece, ou ſur Pruniers, Abricotiers, & Amandiers; diuerſes eſpeces de Pruniers, pluſieurs ſortes de Poiriers qui doiuent eſtre entez ſur Eſpines ou ſur Coigniaſſiers, pour demeurer nains, des Figuiers, & s'il y en a encore quelques autres de meſme temperament, ou qu'on deſire aduancer.

On les peut planter en deux ſaiſons, c'eſt à ſçauoir en l'Automne & au Printemps. Ie prefere l'Automne, par ce que la terre a encore quelque chaleur, & que les arbres ont du temps auant la rigueur de l'hyuer, pour commencer à lier leurs racines auec la terre, pour le moins s'accommoder auec elle, afin d'en tirer aide pour ſe defendre contre le froid. Pour cét effect il les faut prendre dés qu'ils commencent à ſe dépoüiller de leurs feüilles, & en les plantant les arrouſer vne bonne fois, ſi la terre eſt ſeiche. Et alors ie n'eſtime pas qu'il ſoit bon de les tailler, ſur tout s'il y a de groſſes branches à oſter, parce que le grand froid ſuruenant, & trouuant de ſi grandes playes, pourroit penetrer au dedans, & faire mourir l'arbre, & au moins l'incommoder grandement. Il vaut mieux attendre vers la fin de l'hyuer à en retrancher ce qui eſt conuenable. Si on plante au Printemps, il faut planter les arbres haſtifs, comme les Abricotiers & Peſchers, pluſtoſt que les tardifs, comme les Poiriers, & Figuiers, & les tailler, & couurir la playe de cire, raiſine, ou choſe ſemblable, afin que la chaleur ne la ſaiſiſſe, & ne l'empeſche de ſe recouurir.

Il ne les faut pas planter ny plus profondément que d'vn pied, ſur tout en lieux froids & humides; ny plus prés les vns des autres que de quinze pieds, parce qu'autrement leurs branches ſe toucheroient incontinent & ſe confondroient, & ne porteroient pas tant de fruit: l'experience faiſant cognoiſtre qu'vn arbre eſtendu à ſon aiſe, portera plus de fruit, que quatre qui s'entrepreſſent & ſe couurent les vns les autres.

L

Au mois de May que les chaleurs commencent à venir, la terre ayant
esté prealablement labourée, il faut la premiere année la couurir toute,
s'il est possible, de quatre doigts d'épais de fougere amassée de l'année
precedente, ou de paille, ou de foin, ou d'autre chose semblable, pour
conseruer la fraischeur aux nouueaux plants. Si l'année se trouue seiche
& chaude, il faut arrouser assez largement de quinze iours en quinze
iours pardessus la fougere mesme, & sans l'oster : Car il vaut mieux en
donner ainsi beaucoup & peu souuent, que d'y retourner deux fois la
semaine, ce qui ne fait que battre la terre & la durcir. Vers la S. Iean il
sera bon de destourner la fougere, & de donner vn autre labour, en se
donnant soigneusement garde de toucher aux racines des arbres : parce
que le labour tient la terre plus fraische en ouurant ses pores, & y faisant
entrer l'air. Et cela fait il faut remettre la fougere, & recommencer la
mesme chose à la fin de Septembre.

Cette mesme année il faut laisser pousser aux plants tout le bois qu'ils
voudront, sans les blesser & les alterer en leur ostant leurs iets, au moins
y doit-on aller auec grande discretion & retenuë : mais il n'est pas bon
de leur laisser porter fruit, parce que cela les auorte, & les empesche de
pousser du bois. Il faut aussi laisser les iets libres sans les lier & violenter :
mesme il n'est pas besoin de dresser l'Espailler, parce que le bois ne seroit
que se pourrir inutilement aux pluyes. Mais la seconde année si les plans
ont fort poussé, ou la troisiéme sur la fin de l'Hyuer, auant que les bourgeons des arbres poussent, il le faut dresser, & y lier doucement les ra-
meaux des arbres, en les eslargissant & estendant conuenablement en
forme d'éuentail, & en retranchant les petites branches du dedans qui
ne peuuent ny pousser de beau bois, ny se tourner en bourgeons à
fruict : Et continuer à labourer la terre quatre fois l'an, à sçauoir au
printemps, à la Sainct Iean, à la fin de Septembre, & au commencement de l'hyuer.

En labourant il faut se donner de garde d'enterrer le collet de la
greffe du Poirier ou Pommier enté sur Coignassier, parce qu'il pourroit
prendre racine, & croistroit puissamment comme vn arbre franc, sans
qu'on le peust retenir nain.

Quand les Espaliers sont en fleur il arriue par fois des gelées du matin, & en suite de grandes ardeurs du Soleil qui broüissent les fleurs, &
font perir le fruict. Il faut preuenir le mal par le moyen des plus hauts
crochets, dont i'ay parlé, débordans du mur plus que les autres. Car en
attachant des perches de l'vn à l'autre, & à ces perches des toiles qui se
couleront iusqu'au bas, sans toucher les fleurs & les fouler, on sauuera
le fruict.

Il n'est pas bon de laisser noüer du fruit aux bouquets de fleurs qui
viennent par fois à la pointe des branches, tant parce qu'elles sont foibles, que parce que la séve montant là seroit diuertie du bas & du milieu des branches, qui sont proprement le vray lieu où le fruict doit
croistre.

Les Espaliers estans en leur beauté , il faut pour les y conseruer tant que faire se pourra , prendre garde aux bourgeons que les arbres poussent soit vers le pied soit vers les premieres branches qui se diuisent , & y laisser ceux qu'on iugera les plus propres pour reparer & entretenir le bas de l'arbre en sa beauté. Il est bon mesme d'auoir tousiours des arbres de toutes les especes, plantez en terre dans des paniers & manequins, à fin que si parauenture vn des arbres de l'Espalier vient à mourir , on y en puisse aussi tost remettre vn tout pris, & qui poussant aussi fort selon sa portée que les autres de l'Espalier, n'en desigure pas si fort la grace & la beauté, qu'vn autre qui auroit à prendre terre auec vn long temps.

FIN.

Grand Parterre du Jardin de la *la Royne mere a Suxembourg*

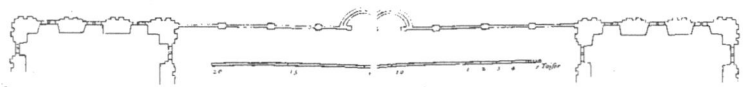

Grand Parterre du Iardin de la R...

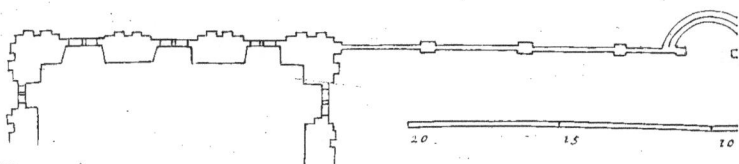

20   15   10

la Royne mere a Suxembourg

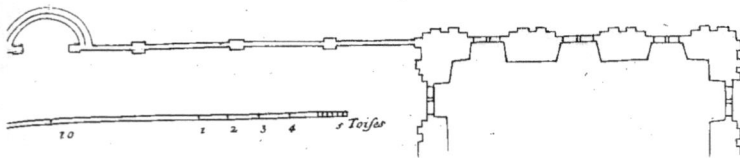

10   1   2   3   4   5 *Toises*

Moitie d'vn parterre oblong.

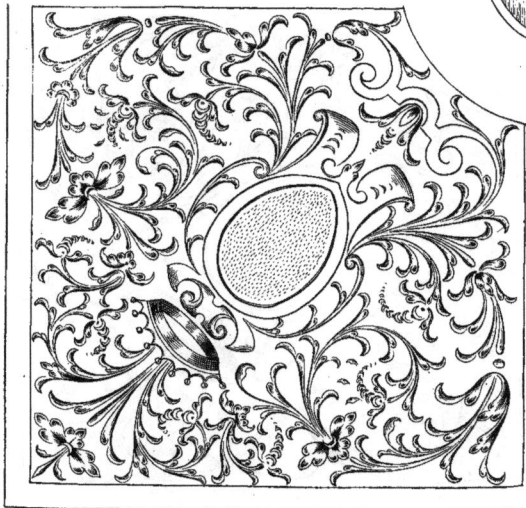

1   2   3   4   5   10 Toises

Moitie d'vn parterre oblong

1 2 3 4 5   10 Toises

Moitié d'vn Parterre Quarré de mesme   Ordonnance que le Grand de Luxembourg

10 Piedi

Parterre du Chateau de Versaille

Dessein Pour le Parterre de grottes de St Germain en Laye.

Dessein Pour le Parterre de grottes de St Germain en Laye.

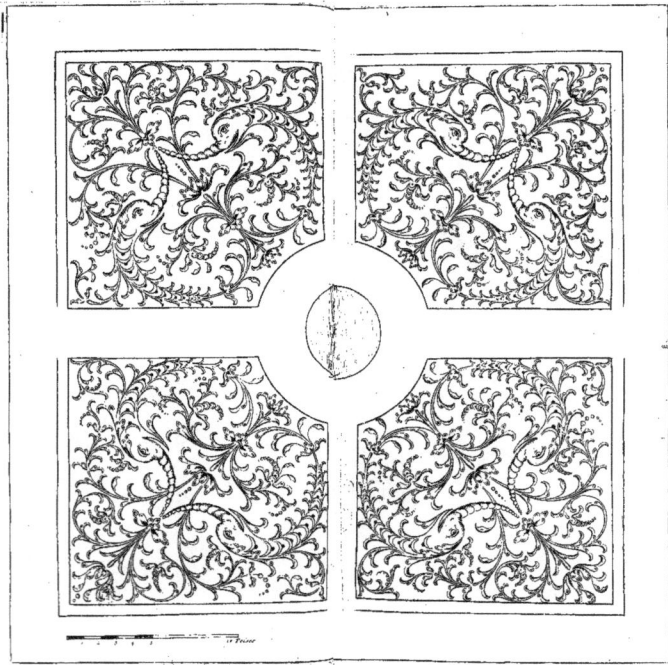

1

10 Toises

Moitie d'vn Parterre Quarré. auec ses frises et Guillochis

Moitie D'vn   Parterre Quarre

1 2 3 4 5   10 Toises

Moitie D'vn | Parterre Quarre.

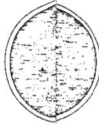

1   2   3   4   5   10 Toises

1 2 3 4 5   10 Toises

1 2 3 4   10 Pieds

1   2   3   4   5   10 Toises

1   2   3   4   5   10 Toises

1 2 3 4 5   10 Toises

1   2   3   4   8 Toises

1 2 3   6 *Toises*

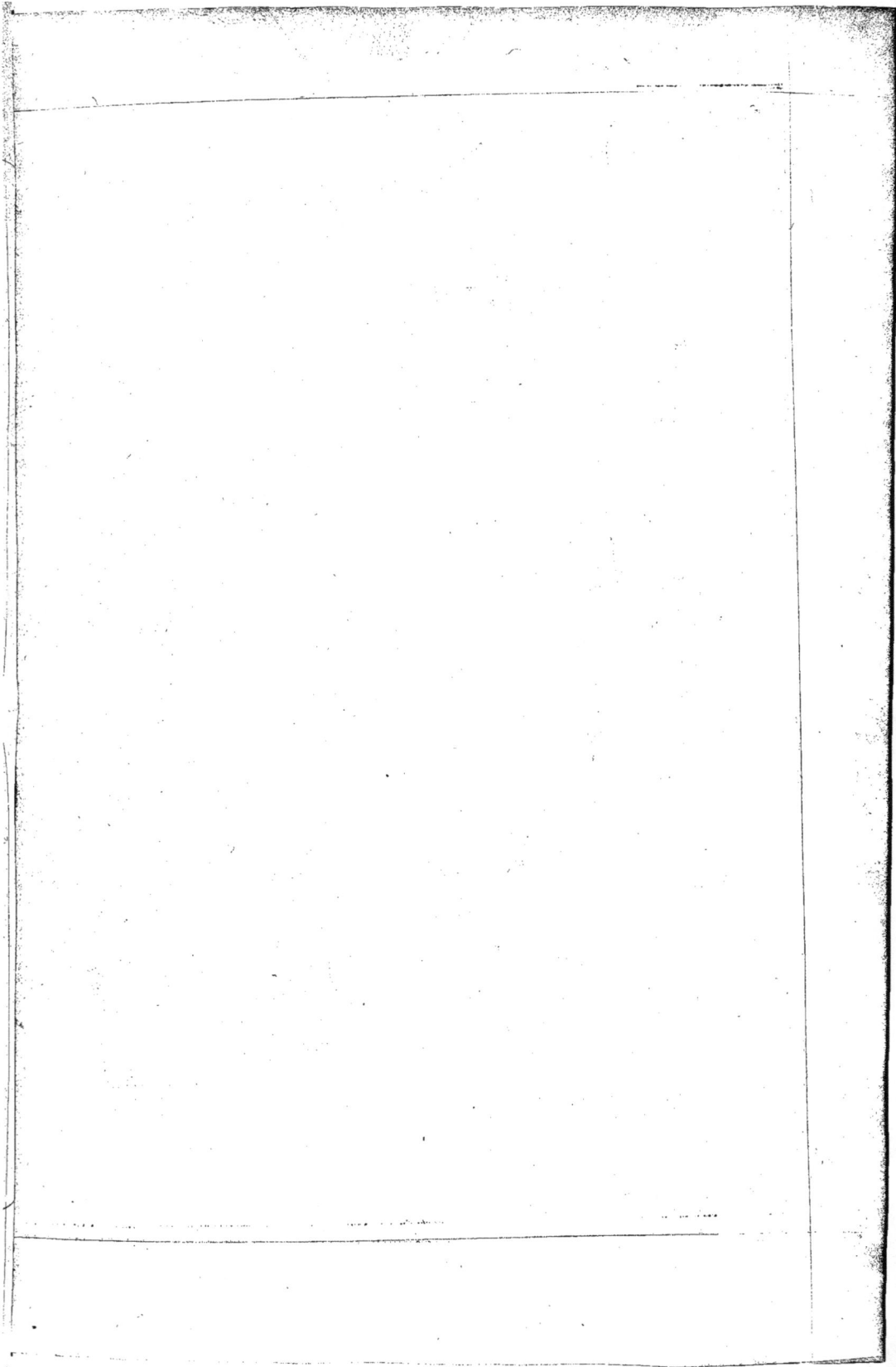

Petit Parterre du Jardin de la Royne mere a Luxembourg

1 2 3 4 5 6 Toises

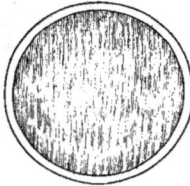

1   2   3   4   5   6 Toises

Moitié d'un Parterre quarré   auec son Guilliochis

10 Pieds

Parterre du Jardin du Louure.

1 2 3 4 5   10 Toises

Parterres des costes de la fontaine du Mercure a St Germain a laye

2   3   4   5 Toises

Frises du Jardin des Tuilleries   *Desoubs la terrace de meurriers*

Frises du Jardin des Tuilleries   Desoubs la terrace des meuriers

1 2 3 4 5 Toises

Frises Diferentes

1   2   3   4   5   10 Toises

1 2 3   6 Toises

6 Poises

1 2 3 4 5   10 *Toises*

1 2 3 4 5   10 Toises

1   2   3   4   5 Toises

1   2   3   6. Toises

Parterre Quarre de broderie   et planches pour des fleurs.

Parterre De Pelouse   Du Parc de versaille

1 2 3 4 5 6 Toises

1 2 3 4 5 6 Toises

1   2   3   4   5 Toises

1   2   3   4   5 Toises

1 2 3 4 5 *Toises*

1   2   3   4   5 *Toises*

1 2 3 4 5 6   12 Toises

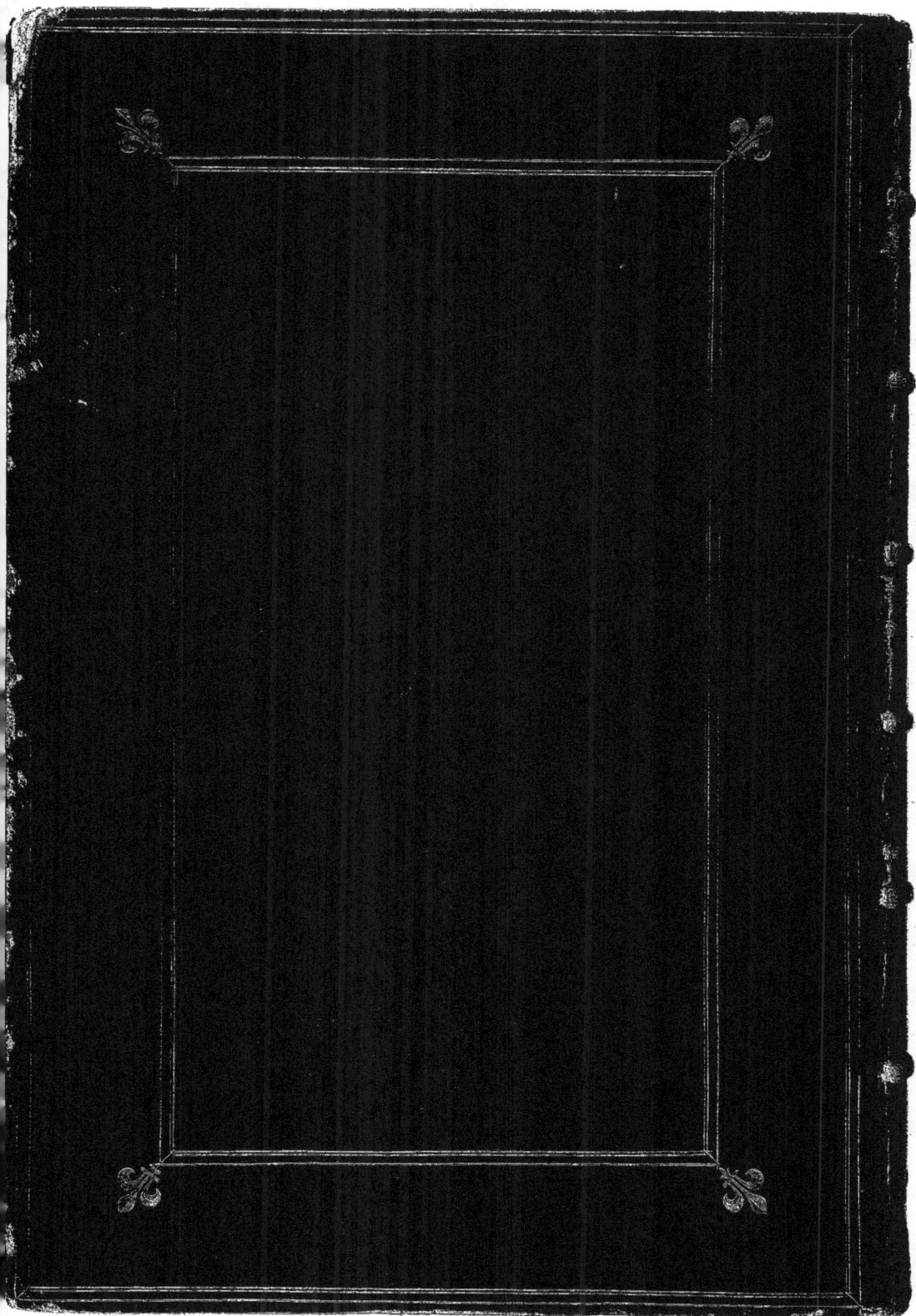

INV. RESERVE
S 292

www.ingramcontent.com/pod-product-compliance
Lightning Source LLC
Chambersburg PA
CBHW072300210326
41519CB00057B/2100